Ursula Kals

# Zehn Fallstricke

Ursula Kals

# Zehn Fallstricke

## Die fatalsten Fehler, die Sie aus dem Job katapultieren

Frankfurter Allgemeine Buch

Bibliografische Information Der Deutschen Bibliothek –
Die Deutsche Bibliothek verzeichnet diese Publikation in der Deutschen Nationalbiografie; detailliertere bibliografische Daten sind im Internet über http://dnb.ddb.de abrufbar.

Ursula Kals

Zehn Fallstricke

Die fatalsten Fehler, die Sie aus dem Job katapultieren

F.A.Z.-Institut für Management-,
Markt- und Medieninformationen GmbH,
Frankfurt am Main 2006

2. Auflage

ISBN-10: 3-89981-074-0
ISBN-13: 978-3-89981-074-5

Frankfurter Allgemeine Buch



Bildauswahl/Satz
Umschlag F.A.Z.-Marketing/Grafik
Buchgestaltung Ernst Bernsmann
Druck Druckerei Steinmeier, Nördlingen
Bindung Oldenbourg Buchmanufaktur, Monheim



Printed in Germany

# Inhalt

# Ungeheuer unalltäglich: Die unterschätzten Fallstricke

Wichtige Gesetze der Berufswelt sind ungeschrieben. Und wir unterschätzen sie tagtäglich. Doch wenn ich diese Fallstricke beharrlich ignoriere, dann katapultiert mich das irgendwann aus dem Job. Dieses Buch schärft hierfür das Gefahrenbewusstsein und will unterhaltsam darüber informieren, wie sich die Hürden des Berufslebens leichter nehmen lassen.

Fatale Fallstricke lauern auf allen Firmenfluren, wenngleich diskret verborgen. Gut positioniert ist, wer sich diese bewusst und einen weiten Bogen um sie macht. Die zehn Kapitel beleuchten die wichtigsten Fragen des beruflichen Alltags, der sich oft so ungeheuer unalltäglich zeigt.

Zehn Themen illustrieren, wie das Arbeitsleben funktioniert. Warum gute Selbstvermarktung und dicht geknüpfte Netzwerke vor Arbeitslosigkeit schützen können und welche Strategien die Gefahr mindern, mit fortgespült zu werden, wenn eine Kündigungswelle anrollt.

Einige dieser weichen Faktoren werden nicht nur chronisch unterschätzt, sie werden als Thema überhaupt nicht erst wahrgenommen. Und das ist fahrlässig in Zeiten hoher Akademikerarbeitslosigkeit und wucherndem Jugendwahn, der in manchen beruflichen Milieus geradezu idiotische Züge annimmt, den Jungen nicht gut tut und die Alten in ihrer Existenz gefährdet.

Denn das ist das Schlimme: Diese Probleme benennt niemand klar, darüber spricht keiner. Die Zahl der verantwortungsbewussten Personalleiter, die sich Zeit für die Kollegen nehmen und ihnen den einen oder anderen Tipp zurufen, ist überschaubar.

Die ungeschriebenen Gesetze erschließen sich oft nur durch Versuch und Irrtum. Und Irrtümer werden in der sich schneller drehenden Welt nur schwer oder gar nicht verziehen. Längst steht die Konkurrenz vor der Tür, die nicht nur gleich gut ausgebildet ist, sondern auch noch den richtigen Stallgeruch hat und extrem arbeitswillig ist.

Die Kapitel umkreisen so genannte weiche Themen, die aber harte Konsequenzen haben können, wenn man sie permanent unterschätzt. Wer sich damit auseinander setzt, der kann viele Umwege vermeiden und sich das Berufsleben erheblich angenehmer machen.

Karriereratgebern haftet mitunter etwas Eindimensionales an. Sie drehen sich mehr oder weniger verbissen um die Gretchenfrage: Wie erklimme ich möglichst rasch die nächsten Stufen in die Chefetage und ziehe bravourös an meinen Mitkonkurrenten vorbei? Taktik überlegt, Seminar fürs selbstsichere Auftreten besucht, Business-Englisch aufpoliert. Ein bisschen Chacka-Chacka, auf keinen Fall nach rechts und links geblickt – dann ist der Erfolg machbar. Ist er aber nicht: Jeder seriöse Karriereberater spricht vom Prinzip Zufall und dem notwendigen Quäntchen Glück, zur richtigen Zeit am richtigen Ort den richtigen Leuten angenehm aufgefallen zu sein. Manchmal aber gibt es auch Bewahrungswunder und Krisen führen auf Umwegen zur ersehnten Stelle. Vom Vorteil des Fehlermachens handelt das fünfte Kapitel.

Tipps für eine perfekte Performance im Job, wie die fragwürdige Schauspielkunst auf Neudeutsch heißt, bietet das Buch daher nicht. Es richtet sich nicht an allzu smarte Emporkömmlinge, sondern an all diejenigen, die ihren Beruf auch ein wenig als Berufung empfinden und vor allem durch Leistung überzeugen möchten – ganz einfach, weil sie Freude an den Inhalten ihrer Tätigkeiten haben und das auch ausstrahlen. Das muss nicht gleich das berühmte Charisma sein. Aber Begeisterung, die andere berührt.

Das Buch ist gedacht für Menschen, denen die Zeit fehlt, seitenweise Literatur zu wälzen oder ein mehrtägiges Teamführungsseminar zu besuchen: Immerhin lassen sich hierzulande jedes Jahr 70 Millionen Menschen in 1,3 Millionen Tagungen und Seminaren weiterbilden. Dieses Buch bietet ein Trockentraining und beleuchtet sehr unterschiedliche Themenfelder. Die Kapitel lassen sich unabhängig voneinander konsumieren – selektives Lesen ist ohnehin ein gutes Zeitsparmodell. Um die Lektüre komfortabler zu machen, endet jedes Kapitel mit einer kurzen Zusammenfassung der wichtigsten Thesen und bietet rasche Orientierung. Wenn die Stichworte neugierig machen: einfach zurückblättern und querlesen.

Grundlage des Buchs sind viele Interviews und Hintergrundgespräche mit Personalberatern, Psychologen, Trainern, mit verstörten Berufseinsteigern und zufriedenen Etablierten, mit Führungskräften und solchen, die es werden möchten.

Einige der Thesen kennen aufmerksame Leser der „Frankfurter Allgemeinen Zeitung“ aus Beiträgen der an jedem Samstag erscheinenden Seiten „Beruf und Chance“ und von Artikeln der Managementseiten des Wirtschaftsteils. So entstand auch die Buchidee: Die mit Abstand meisten zustimmenden und anregenden Leserreaktionen – quer durch alle Alters- und Berufsschichten – folgen auf Fragestellungen des täglichen Mit- und Gegeneinanders, die in den ersten Jahren genauso wie später in der Routine des Berufs viel zu kurz kommen.

Die Beispiele stammen aus der Praxis. Sie sind so, wie sie geschildert werden, passiert – bis hin zum Bügeleisenkonflikt in Kapitel zehn. Es sei als Frauenkapitel auch männlichen Lesern empfohlen. Unter anderem als Instrument wohlwollender Konkurrenzbeobachtung.

Noch eine kurze Anmerkung: Fast immer wurde die männliche Form gewählt, das mag (geschlechter-)politisch nicht korrekt sein, lesbarer ist es auf jeden Fall.

Frankfurt, im Oktober 2005
Ursula Kals

# I

## 100 Tage Einsamkeit

*Wer auf der Stelle tritt,*
*kann nur Sauerkraut produzieren.*
Peter Ustinov

Je höher das Einkommen ist, desto größer ist die Bereitschaft zur Mobilität. Vorbildliche Karrieren sollen immer schön aufwärts führen. Und damit das so ist, gehören Jobwechsel dazu, die häufig mit einem anderen Standort verbunden sind. Vier Jahrzehnte bei einer Firma zu verbringen bis zur goldenen Anstecknadel und zum Sektabschied ins Rentnerdasein – diese ein wenig betulichen, aber auch beruhigenden Berufsbiografien sind ein Auslaufmodell. Globalisierung fordert Flexibilität – eine knackige Formel, die Lebensläufe unruhig gestaltet: So wie es bei Abiturienten inzwischen zum guten Ton gehört, mindestens ein Jahr in den Vereinigten Staaten verbracht zu haben – und sei es nur an einer Highschool in den Tiefen Nebraskas –, so gehört ein Auslandsjahr zu einer ordentlichen Hochschulzeit. Und diese Wanderungen setzen sich fort. Zunächst durchaus im Inland. Karriereberater raten indes vom hektischen Jobhopping alle zwei, drei Jahre ab – diese Ruhelosigkeit macht neue Arbeitgeber misstrauisch. Aber Fachleute empfehlen, nach allerspätestens sieben Jahren das Unternehmen zu wechseln. Führungskräfte verweilen im Schnitt nur noch zwischen drei und fünf Jahren auf einem Platz. Durchschnittlich vier Jahre sind Akademiker in einem Betrieb tätig, bevor sie sich einen neuen Arbeitgeber suchen.

Das Nürnberger Institut für Arbeitsmarkt- und Berufsforschung hat herausgefunden, dass die Zahl der Wechsler in den vergangenen Jahren etwa gleich geblieben ist. Vor allem zwei Motivationen gibt es, um seinen Job zu wechseln: die Suche nach Herausforderung und die Unzufriedenheit mit dem Bestehenden. Wer nur von finanziellen Motiven getrieben ist, obgleich ihm die neue Stelle eigentlich gar nicht zusagt, der bringt sich in eine schwierige Situation.

Ein Jobwechsel bedeutet die Chance, sich noch einmal in einem anderen Umfeld neu zu erfinden: Die Unsicherheit der ersten Berufsjahre ist von einer gewissen Routine abgeschliffen. Jetzt hat man nicht mehr den Status des blutigen Berufseinsteigers, sondern schon einmal ein kleines Team geleitet. So weit, so gut. Was aber auch klar sein muss: Es folgen 100 Tage Einsamkeit. Diese Formel gilt als Bewährungsfrist der Neuen und ist legendär seit den Worten des amerikanischen Präsidenten Theodore Roosevelt, der sich nach ebenjenen 100 Tagen messen lassen wollte. Es gibt kein Netzwerk, keinen Lieblingskollegen, mit dem man mal kurz lästern oder von dem man sich trösten lassen kann. Die ungeschriebenen Gesetze und Gepflogenheiten der neuen Firma oder des neuen Firmenstandorts erschließen sich erst ganz allmählich. Das alles ist anstrengend.

Alltagslogistik neu erfinden

Hinzu kommt – fast immer – die neue Stadt. In der Wohnung fehlen noch die Vorhänge und die Dübel für das Wandregal. Es müssen neue Einkaufsmöglichkeiten, neue Ärzte, neue Handwerker gesucht und gesichtet werden. Die Alltagslogistik muss neu erfunden werden. Selbstverständlichkeiten sind im unbekannten Umfeld eben nicht mehr selbstverständlich. Das vertraute Düsseldorfer Singsang an der Brötchentheke ist passé, in München gibt es Semmeln, deftiges Bayrisch und neugierige Blicke für den Fremden. Das kostet viel Kraft und Zeit. Die hat ein 100-Tage-Kandidat aber nicht, denn ohne Überstunden ist ein rasches Einarbeiten undenkbar. Darum ist es sinnvoll, zwischen dem Wechsel eine mindestens zweiwöchige Akklimatisierungsphase einzuplanen, um die neue Stadt oder Region kennen zu lernen. Diese Eingewöhnungszeit gestehen sich die meisten Wechsler nicht zu, stattdessen hüten sie ihr Urlaubskonto, um die nächste Fernreise zu ermöglichen. Das ist unklug, dafür bleibt im nächsten Jahr noch genügend Zeit. Zunächst geht es aber darum, nicht einen fliegenden Übergang bewältigen zu müssen und, womöglich vom Umzug und Einrichten erschöpft, die ersten Tage eine schlechte Figur abzugeben.

Risiko Wochenendbeziehung

Ehrgeizige Jobwechsler sollten sich klar machen, welchen privaten Preis sie wirklich für ihre Karriere bezahlen möchten. Heute pendelt jedes vierte Paar unter 40 Jahren, die Hälfte dieser Fernbeziehungen scheitert spätestens nach zwei Jahren. Der Lebenspartner, der nur am Wochenende Lebenspartner ist, arbeitet in Berlin, man selbst schafft in Stuttgart: Fünf Tage Sehnsucht, zwei Tage Harmoniestress, das bekommen viele nicht in den Griff. Und sind diese belastenden Konstellationen die 500 Euro Gehaltsverbesserung und der schicke neue Absatz im Lebenslauf wert? Wirklich? Um diese Fragen geht es in diesem Kapitel.

Was tun, um einen guten Start zu haben? Darüber sollte man sich Gedanken machen, denn die ersten Monate sind Probezeit, man arbeitet auf Bewährung und steht verstärkt unter Beobachtung. Man muss sich in möglichst kurzer Zeit einen Überblick über die Abläufe verschaffen, bis hin zu den Gepflogenheiten der Poststelle. Manches erschließt sich nur durch freundliches Nachfragen. Oscar Wilde ermutigt: „Peinliche Fragen gibt es nicht, Antworten sind es zuweilen."

> Der Neue muss Fragen stellen, den kollegialen Kontakt aktiv suchen und sich vor plumper Vertraulichkeit hüten

Auf jeden Fall muss der Neue rasch im Bilde sein und durch vernünftig formulierte und platzierte Fragen Interesse bekunden. Das nimmt ihm niemand übel, so stellt er Kontakt her. Den muss er aktiv suchen: Schließlich gibt es nicht immer väterlich oder mütterlich wirkende Kollegen, die sich des Neulings an- und ihn auch gerne mit in die Kantine nehmen. Diese Zurückhaltung muss nichts Negatives zu bedeuten haben: Manche Abteilungen haben eine so hohe Frequenz von Praktikanten, dass die Kollegen einfach müde geworden sind, sich ständig auf neue Gesichter einzustellen.

**Zurückhaltung wirkt arrogant**

Übernimmt die Rolle des Kurzzeit-Mentoren niemand, dann hilft nur Hilfe zur Selbsthilfe: Freundlich nach den Essensritualen fragen und sich anschließen. Selbst wenn man sich eigentlich lieber mit einem Brötchen begnügt hätte, sollte man diese Gewohnheit zumindest für die ersten Wochen aufgeben und sich keinesfalls absondern. Später genügen dann Kantinengänge ein-, zweimal in der Woche, um das soziale Leben aufrechtzuerhalten. Auch ein freundliches Wort in der Kaffeeküche oder am Kopierer wirkt Wunder und demonstriert, dass man am guten Miteinander interessiert ist. Vor allem die eher Introvertierten sollten über ihren eigenen Schatten springen, denn sie sind noch unbeschriebene Blätter und Zurückhaltung erweckt schnell den Anschein der Arroganz.

Abstand von den Nörglern

Vorsicht ist jedoch vor allzu großer Vertrautheit geboten. Eine gewisse Einsamkeit muss man aushalten können. Oft kommen zunächst die Unzufriedenen, diejenigen, die es sich längst mit allen anderen verdorben haben und höchst interessiert sind, den Neuen auf ihre Seite zu ziehen und mit indiskreten Geschichten über schreckliche Vorgesetzte und intrigante Kollegen zu versorgen: „Hüten Sie sich bloß vor dem X.“, auf diese nebulöse Warnung folgt ein viel sagender Blick. Solche Ratschläge sind selten gut gemeint. Da hilft es nur, sich freundlich zu neutralisieren: „Vielen Dank, ich möchte mir lieber selber ein Bild machen.“ Wenn Sie in solchen Fällen keine Distanz halten, dann nehmen die anderen Kollegen, die das Spiel des Nörglers lange durchschaut haben, Sie gleich in Sippenhaft und stellen Sie in die Außenseiterecke.

Sie aber kennen die inneren Strukturen und die eigentlichen Drahtzieher im Betrieb noch nicht und müssen sich Zeit zugestehen, das Geflecht zu durchschauen.

> Die totale Duzerei als Indikator für Beliebtheit zu nehmen, ist ein Trugschluss, für den Bruderkuss bleibt noch viel Zeit

Heikel ist auch die flotte Duzerei, die aber in einigen Unternehmen zum guten Ton gehört. Grundsätzlich kommt das „Du Idiot“ den meisten Menschen deutlich leichter über die Lippen als „Sie Idiot“. Die totale Duzerei mit jeder noch so flüchtigen Kantinenbekanntschaft als Indikator für kollegiale Beliebtheit zu nehmen, ist kurzsichtig. Also möglichst eher abwehren und abwarten. Zum Bruderschaftskuss bleibt noch alle Zeit der Arbeitswelt.

Das „Du“ wieder zu entziehen, so wie beleidigte Politiker das vorexerzieren, ist lächerlich und schlechter Stil. Das ahnen wohl auch die meisten Menschen: Eine Umfrage der Emnid Mediaforschung unter Frauen und Männern im Alter zwischen 20 und 49 Jahren zeigt, dass die Mehrzahl der Deutschen mit Fremden lieber nicht sofort per Du ist. Gut zwei Drittel der Befragten halten nichts von der selbstverständlichen Verwendung der vertraulichen Umgangsform. Mehr als 40 Prozent fühlen sich überrumpelt und distanzlos behandelt, wenn sie von Fremden geduzt werden. Allerdings sagt knapp ein Drittel der Befragten, dass das Duzen Teil des „Global Feeling“ sei. Gut ein Viertel sieht darin das für sie angenehme Signal, dazuzugehören. 15 Prozent fühlen sich durch die lockere Anrede sogar jünger und beliebter. Aber will man in der Berufswelt beliebt oder doch nicht lieber geschätzt und respektiert werden? Jemand, der sich mit der halben Belegschaft duzt, der nährt den Verdacht, keinen Abstand halten zu können. Für einen leitenden Posten empfiehlt er sich nicht.

Vorsicht vor Vertrautheit

Was banal ist, aber immer wieder falsch gemacht wird, um schnell eine vorgetäuschte Vertrautheit herzustellen: Distanzlos Geschichten aus dem Privatleben zu erzählen. Diese Informationen sind ohnehin nur etwas für eine handverlesene Schar. Tragfähige Beziehungen im Betrieb entwickeln sich in aller Ruhe. Schilderungen über den jüngsten Nachbarschaftsstreit, Auseinandersetzungen zwischen dem angeheirateten Schwager und dem eigenen Vater, über den Ärger mit der Krankenkasse, die das Antiallergikum nicht bezahlen wollte, stehen selbstverständlich auf dem Index. Wer so etwas preisgibt, der wird angreifbar – irgendwann tauchen die intimen Themen wieder auf und sind nicht mehr steuerbar. „Kein Wunder, dass der sich auf den Termin nicht vorbereitet hat, der trennt sich doch gerade von seiner Frau …“ Will man sich dem wirklich aussetzen?

Keine Diskretion, sondern absolute Nachrichtensperre ist im Hinblick auf den alten Arbeitgeber geboten. Interna aus dem alten Unternehmen preiszugeben ist völlig indiskutabel, auch wenn neugierige Kollegen gerne insistieren und mit Wonne Fangfragen stellen. Nein, nein und nochmals nein – das geht gar nicht. Dass der Chef dort ein Tyrann war, der seine Mannschaft nach und nach hinausgeekelt hat, das können sich die anderen irgendwann einmal selbst zusammenreimen. Exklusive Infos erhalten sie nicht.

> Auf der Tabuliste stehen forsche Verbesserungsvorschläge – der Neue beobachtet, staunt und schweigt die ersten Wochen

Auf der Tabuliste stehen auch Verbesserungsvorschläge: Die neuen Kollegen pflegen eine altmodische Buchhaltung? Das

Befristetes Welpenschutzprogramm

Ablagesystem ist umständlich? Der Kritiker sieht, staunt und schweigt die ersten Wochen. Unvergesslich der überzogene Auftritt der jungen Kollegin, deren Professor ihr eine Eins für die Diplomarbeit über Bilanzierungstechniken gegeben hatte und damit wohl einen praxisuntauglichen Selbstbewusstseinsschub ausgelöst hatte. Unter anderem auch aufgrund der glänzenden Examensnote wurde sie von der renommierten Beratungsgesellschaft eingestellt. Bei der ersten Besprechung im großen Kreis dozierte die junge Betriebswirtin – die bis dahin noch keinen Betrieb von innen gesehen hatte – vor den alten Hasen und erklärte dem gestandenen, in Ehren ergrauten Kollegen, wie unsinnig seine bisherige Bilanzierung war. PS: Die Frau hat zwar mit ach und krach die Probezeit überlebt, nicht aber das erste Jahr. Denn wie wird jemand vor Kunden agieren, wenn er sich schon bei den neuen Kollegen so unsensibel einführt, obschon er für die Firma bisher noch nichts geleistet hat? Solche groben Anfängerschnitzer machen zu Recht misstrauisch. Aber sie werden unter Umständen in dieser frühen Phase noch verziehen. Sylvia Knecht von der DIS AG, einem großen Zeitarbeitsunternehmen, spricht vom „Welpenschutzprogramm“, das in den ersten Wochen gerade für Neueinsteiger läuft. Manche Fehler werden von den meisten Arbeitgebern generös übersehen. Am Anfang, und nur am Anfang.

Sich den neuen Kollegen vorzustellen, ist ein einfaches, aber wirkungsvolles Mittel

Gute Kommunikation ist entscheidend für einen guten Start. Dazu gehört es, sich möglichst allen persönlich kurz vorzustellen und „Guten Tag“ zu sagen: Der Parcours ist anstrengend, aber unerlässlich. Sofort hinterher Namen notieren, um die künftigen Kollegen persönlich ansprechen zu können. Nicht umsonst schwärmt ein Pförtner oder eine Empfangsdame von den Firmeninhabern, die alle ihre Mitarbeiter mit Namen und möglichst noch mit Handschlag begrüßen. Das ist keine Gutsherrenattitüde, das ist gepflegter Umgangsstil und färbt auf die burschikoseren Typen ab.

Ist das Unternehmen sehr groß, dann ist dem Neuen eine persönliche Vorstellungstour natürlich nicht möglich. Hier hilft das Internet, um auf jeden Fall auch die unteren Hierarchiestufen zu erreichen. Gerade für Führungskräfte gilt: Der Neue sollte sich per Rundmail den Abteilungen und Mitarbeitern kurz vorstellen. Dieses Schreiben sollte ein freundliches Foto enthalten, einige Sätze zum Werdegang und darüber, was den Menschen in seinem Leben geprägt hat, bewusst mit einem persönlichen Schlenker auf die familiäre Situation und Vorlieben in der Freizeit. „Die Mitarbeiter brauchen einen Teil Privatheit ihrer Führungskräfte. Viele Teams verhungern emotional", sagt der Hamburger Unternehmensberater Peter Fischer, Geschäftsführer der Hamburger Unternehmensberatung „Fischer Gärtner International". Die Begrüßungsmail sollte mit Sorgfalt verfasst werden, die Floskel, „Ich hoffe auf gute Zusammenarbeit" ist nichts sagend. Eine weniger standardisierte Formulierung kommt besser an, etwa „Ich freue mich auf die persönliche Begegnung mit Ihnen und über viele neue Kontakte". So eine Rundmail wirkt Wunder. Sie ist ein einfaches Mittel und wird unbegreiflicherweise noch viel zu selten eingesetzt, in amerikanischen Unternehmen ist das hingegen längst üblich.

**Rundmail zur Einführung**

High Potentials, die mit einem Wechsel oft eine höhere oder gar eine Führungsposition errungen haben, sollten sich in ihrer Anfangsphase (am besten auch danach) in Bescheidenheit üben. Das gilt auch für scheinbare Äußerlichkeiten, die aber von den Kollegen argwöhnisch registriert werden. Unbedachte Neulinge beziehen nicht nur mit stolzgeschwellter Brust ein größeres Büro, sie richten es sofort komplett neu ein und bestücken es mit Statussymbolen. Hatte der Vorgänger sich mit Edelholzmöbeln umgeben, muss jetzt Edelmetall her. Neue Auslegware versteht sich von selbst. Ganz gleich, ob das Büro erst vor einem halben Jahr renoviert worden ist. Solche Aktionen kommen nicht gut an, vor allem dann nicht, wenn zuvor Stellen gestrichen worden sind.

> Ein neuer Kollege, der sofort die halbe Gruppe auswechselt, löst Unruhe und Angst aus

Denn ad hoc gelöste Personalfragen sind das nächste Problem: Sofort die halbe Mannschaft auswechseln, solche Radikalaktionen sorgen für Unruhe und Angst. Viele Neueinsteiger besetzen Schlüsselpositionen mit Weggefährten ihres alten

Unternehmens – das ist verständlich, weckt aber die Gefahr der Lagerbildung: Die vertrauten Abteilungsleiter formieren sich sogleich gegen die vom Vorgänger ererbten. Um daraus eine geschlossene Mannschaft werden zu lassen, bedarf es vieler intensiver Gespräche – die Zeit muss man sich nehmen. Beziehungspflege, Netzwerke und Seilschaften erkennen, ihnen beitreten oder sie entmachten – darauf muss eine Führungskraft in der ersten Zeit großen Wert legen und viel Energie verwenden.

Wissenslücken werden ihr eher verziehen als ungeschickte Mitarbeiterführung. Oder gar großspurige Außenauftritte: Intern sollte der neue Vorgesetzte vor allem aufgeschlossen und gesprächsbereit sein, das heißt zunächst, den anderen zuhören und genau hinhören. Nach außen ist freundliche Unverbindlichkeit angeraten.

Die hohe Position ist zwar äußerlich angesehen, intern aber ist so eine Situation alles andere als komfortabel. So schreibt der Wirtschaftsjournalist Ralf Nöcker in der F.A.Z.: „Schwierig ist sie vor allem deshalb, weil Manager in den ersten Tagen auf neuem Posten vor mehreren Dilemmata stehen: Es wird erwartet, dass sie als Führungskraft Orientierung geben, gleichzeitig brauchen sie selbst Orientierung. Sie sollen eine Unternehmenskultur gestalten und repräsentieren, die ihnen aber selbst noch fremd ist. Sie sollen den Mitarbeitern Sicherheit vermitteln, sind jedoch selbst noch unsicher.“

Informelle Führer ausfindig machen

Der Hamburger Unternehmensberater Peter Fischer erlebt häufig, dass die Frage des Netzwerks innerhalb des neuen Konzerns unterschätzt wird. „Die meisten Wechsler scheitern daran, dass sie die wichtigsten Schlüsselpositionen nicht hinter sich bringen.“ Deshalb tue der neue Mann gut daran, möglichst schnell die informellen Führer, seine Vorgänger, graue Eminenzen und vor allem potenzielle Vertraute auszumachen. Gibt es im neuen Betrieb einen enttäuschten Mitbewerber, so rät der studierte Psychologe, diesen offen auf seine gescheiterte Bewerbung anzusprechen und ihm auf gar keinen Fall von oben herab zu begegnen. „An der Art und Weise, wie der Wechsler mit dem internen Mitbewerber umgeht, messen die Mitarbeiter die Größe des neuen Vorgesetzten“, sagt Peter

Fischer. Dabei muss die Führungskraft zwei Botschaften vermitteln: Zum einen, dass sie den Enttäuschten emotional versteht. Zum anderen, dass sie eine sachliche Zusammenarbeit wünscht. Je schneller das klargestellt ist, umso besser. „Das Problem des enttäuschten Mitbewerbers muss nach sechs Wochen gelöst sein. Denn das sind häufig die wichtigen Leute."

**Fallstrick Tandemlösung**

Hochexplosiven Zündstoff bietet vor allem der Vorgänger. An ihm wird der Neue gemessen. War der alte Vorgesetzte ein allseits beliebter, fachlich anerkannter „Big Shot", dann ist die Ausgangslage gelinde gesagt schwierig. Denn an dieser Lichtgestalt wird der Nachfolger gemessen. Fair ist das nicht, aber menschlich und meist ein Automatismus. In einigen Unternehmen gibt es vorübergehende Tandemlösungen, der Vorgänger arbeitet seinen Nachfolger ein. Hauptsache, diese Gemeinschaftsphase dauert nicht zu lange, denn sonst ziehen die Mitarbeiter scharfe Vergleiche, die leicht zu Ungunsten des Neuen ausfallen können. Wichtig für ihn ist auf jeden Fall, sich ein möglichst detailliertes Bild von seinem Vorgänger zu machen, Quellen sind Aufsichtsrat oder Kunden, die Informationen geben können.

Anders sieht die Sache aus, wenn eine Führungskraft in der eigenen Abteilung befördert wird: Die steht dann vor ganz anderen Problemen, vor allem türmt sich vor ihr ein Autoritätsproblem auf. Denn jetzt sind beide Seiten unsicher: Die ehemaligen gleichberechtigten Kollegen, die möglicherweise ihren aufgestiegenen Kollegen geduzt und in ihre Lästereien einbezogen haben. Und der ehemals Gleiche unter Gleichen, der jetzt über Gehälter entscheidet und nicht so recht weiß, wie er den ihm nur allzu vertrauten Drückeberger X. disziplinieren soll, dessen Krankmeldetricks er noch aus vergangenen Tagen kennt. Jetzt ist dieses Mitwissen mehr als peinlich für alle Beteiligten. Diese Konstellation bietet so viel Zündstoff, dass die so genannten Kaminaufstiege innerhalb einer Abteilung oder Linie nur noch in wenigen Betrieben möglich sind.

## Der Wechsel ins Ausland

Noch größer ist der Kraftakt, wenn ein Wechsel ins Ausland bevorsteht. In der Regel dauert die Entsendung einer Führungskraft zwischen zwei und fünf Jahre. Im Jahr gibt es in Deutschland ungefähr 50.000 Entsendungen von Konzernmitarbeitern ins Ausland, die Zahl ist nach oben offen. Während Großunternehmen im Schnitt 1.500 Entsendungen im Jahr verzeichnen, sind es bei den Mittelständlern etwa 20. Bei einem Unternehmen wie Siemens in Erlangen beschäftigen sich allein 80 Mitarbeiter mit Auslandsentsendungen.

> Statt blauäugig ins Ausland zu wechseln, muss vorher ein ausführlicher Fragenkatalog durchgearbeitet werden

Eine grundlegende Frage sollte der Jobwechsler zuvor sehr entschieden mit seinem Unternehmen klären: Was geschieht bei seiner Rückkehr? Seine alte Position ist dann besetzt – gibt es einen Plan für die Rückkehrer oder landen sie auf dem Abstellgleis? Die Gefahr ist nicht zu leugnen. Wichtige Entwicklungen im Unternehmen können ihnen entgehen, denn sie arbeiten Tausende Flugkilometer fern der Zentrale. Organisationen, die Entwicklungshelfer vermitteln, kennen dieses Problem zur Genüge: Nach den Auslandseinsätzen sind die Fachkräfte schwer wieder integrierbar. Mangelnde Perspektiven in der Heimat ist neben großem Idealismus einer der Gründe, weshalb viele dann erneut in ein Dritte-Welt-Land wechseln.

Auslandsjahre können Mitarbeitern natürlich einen guten Schub nach vorn bringen. So wie den jungen Anwalt, der in Polen gleich eine Niederlassung leiten darf. Oder den aufstrebenden Ingenieur bei BMW, der mit 1.500 anderen ehrgeizigen Ingenieuren in der Entwicklung arbeitet und bei der harten Konkurrenz nicht auf einen Gruppenleiterposten hoffen kann. Den Leitungsposten hat er aber inne, wenn er drei Jahre ins kleine britische Werk wechselt. Nach dieser Führungserfahrung hat er zurück in Deutschland ein Anrecht auf eine „angemessene Tätigkeit“.

Bei älteren Mitarbeitern ist das berufliche Fortkommen bei der Rückkehr weniger garantiert. An dem Spruch: einmal

Expat immer Expat, ist offenkundig etwas dran. Wer als Werksleiter nach Rumänien geht und große Einheiten führt, der hat in Deutschland nicht unbedingt einen Abteilungsleiterposten gesichert. Manche bleiben dann auf dem Rotationsteller im Ausland. Zufrieden sind damit die Abenteurer, die gelernt haben, den Luxus zu lieben. Sie haben sich derart an Koch und Chauffeur in der Villa gewöhnt, dass ihnen ein Alltag, in dem man selber Nudeln kocht und die S-Bahn nimmt, kaum mehr erträglich scheint.

**Unabdingbar: Orientierungsreise**

Ist die Entscheidung fürs Ausland gefallen, dann muss der Wechsel gut vorbereitet sein. In Auswanderberatungsstellen stranden immer wieder sonnenhungrige Menschen, die noch nie in ihrem Zielland gewesen sind. Wer aber Neuseeland nur mit dem Finger auf der Landkarte bereist und in Tolkien-Verfilmungen geschwelgt hat, der ist unter Umständen maßlos frustriert, dass auch dort die Großstadt lärmt und der Alltag hart ist. Vor allem wenn er voller Naivität in Wellington feststellt, dass das Bildungssystem die Kinder unterfordert und eine Privatschule nicht finanzierbar ist. „Wir raten zunächst: hinfahren! Egal, ob Belgien oder Samoa das Wunschland ist. Und nicht nur das Familienoberhaupt sollte zur Orientierungsreise aufbrechen“, sagt Monika Schneid, die die Informationsstelle des Hamburger Raphaels-Werks leitet, eine Auswanderberatungsstelle. Natürlich sind einige Berufsjahre im Ausland kein endgültiger Schritt, aber gute Vorbereitung ist immens wichtig, damit die Zeit bereichernd und nicht belastend wird. Ein gemeinsamer Ortstermin für die ganze Familie sollte da schon möglich sein.

**Risikofaktor Familie**

Hilfreich ist ein Fragenkatalog: Wie sieht die Infrastruktur und Wohnsituation aus? Wie hoch sind die Lebenshaltungskosten? Erhält die Partnerin, der Partner eine Arbeitserlaubnis, und wenn nicht, was geschieht dann? Die lässige Du-kriegst-schon-was-Haltung dient einer ambitionierten Ärztin wenig, die in den Tropen allenfalls als Billig-Pflegekraft beschäftigt wird. Gerade bei medizinischen und juristischen Berufen und im Ingenieurwesen wird die Ausbildung nicht ohne weiteres vom Berufsfachverband im Einwanderungsland anerkannt. Wie ist die medizinische Versorgung geregelt? Ist die Gluthitze auch dem Kleinkind zumutbar? Wie sieht es mit der Fremdenfeindlichkeit aus? Die kann gerade die Jüngsten hart treffen.

Überhaupt, die Kinder: Während sich manche Kinder entwurzelt fühlen, neigen andere dazu, sich überanzupassen. Um diese Fragen informell und realistisch klären zu können, ist es sinnvoll, sich an Vereine und Klubs der Auslandsdeutschen zu wenden. Auch an den entlegensten Punkten des Globus gibt es inzwischen deutsche Auswanderer oder Arbeitnehmer auf Zeit: Gute Relocation-Agenturen haben entsprechende Adressen in ihrer Kartei. Gibt es eine solche Hilfestellung von der eigenen Firma nicht, dann hilft zunächst einmal eifriges „Googlen" im Internet, um per Mail Kontakte in die neue Heimat knüpfen zu können. Zwar hat so eine Inselbildung der „German Communities" auch Nachteile, aber sie sind meist ein guter Einstieg und bieten Raum für Fragen, die Reiseführer nicht klären: Wie bedrückend ist es wirklich, in Krisengebieten mit Überwachungskamera zu leben? Wie fühlt es sich in einem arabischen Land an, als Frau allein Behördengänge zu erledigen?

> Viele Aufbruchswillige spielen naiv den wichtigen Integrationsfaktor Sprache herunter

Ein massives Problem spielen viele Aufbruchwillige herunter: die Sprache. Das ist ein wunder Punkt. Diesen Integrationsfaktor unterschätzen die meisten in der naiven Hoffnung, das karge Schulenglisch oder die rudimentären Spanischkenntnisse später noch aufpolieren zu können. So wie aufgeweckte Kinder, die sich mit Händen und Füßen verständigen und sich rascher integrieren, so unbefangen bewältigen Erwachsene die fremde Sprache nicht. Mit einem Portugiesisch-Crashkurs mag zwar der Behördengang in Sao Paulo radebrechend bewältigt sein, aber der Smalltalk mit den temperamentvoll schwatzenden Nachbarn ist schon ein Problem.

Sprache ist die Heimat des Geistes: Tiefer gehende Gefühle mitteilen ist in den ersten Monaten schwierig und schließt von intensiven Freundschaften aus. Sich diese anfängliche Fremdheit bewusst zu machen, ist die halbe Miete, um sich rasch einleben zu können. Man ist fremd und wird als Fremder behandelt. Und man muss sehr viel dazu beitragen, sich zu integrieren. Dazu gehört es, unkonventionell reagieren zu können, kompromissbereit zu sein und die eigenen Maßstäbe stark zu relativieren. Andere hygienische Rituale können beispielsweise in einem Land, das unter Wassermangel leidet, sinnvoll, da ressourcenschonend sein und sind kein Indiz für schlampige Verhältnisse. Statt den Alltag zu bewerten, ist eine wohlwollend neutrale Haltung dienlicher.

Lieber die Erwartungen ein wenig herunterschrauben, das garantiert angenehme Überraschungen. Weshalb diese Lebensumstände so gründlich bedacht werden sollten? Ein hoher Prozentsatz der Auslandsentsendungen scheitert an der Familie, am Unglücklichsein der Ehefrau oder dem Heimweh der Kinder, die sich nach den Freunden und dem Lieblingspony sehnen.

**Der goldene Käfig**

Dauer-Nörgelei nach einem anstrengenden und auch anregenden Tag in der brasilianischen Niederlassung der Firma frustriert wiederum den Karrieremann. Oft reagiert er verständnislos und uneinsichtig und verteidigt Zustände, die eben nicht paradiesisch sind: Du hast hier doch alles, tolles Wetter, Personal und den ganzen Tag Zeit, am Pool zu liegen. All der Goldkäfigglanz täuscht aber nicht darüber hinweg, dass das alarmanlageüberwachte Penthouse einem Sicherheitstrakt gleicht, die Kriminalitätsrate hoch und Stadtbummel allein unmöglich sind. Der Luxus tröstet nicht darüber hinweg, dass die Partnerin beispielsweise nicht als Ärztin arbeiten darf, den Dortmunder Klinikalltag vermisst und keine neuen Kollegen hat, die ihr die sozialen Kontakte quasi auf den Krankenhausfluren liefern – darüber denkt der andere nicht nach. Aber all das sollte sachlich miteinander besprochen werden.

> Was auf den ersten Blick den Sozialneid anderer hervorruft, erweist sich auf den zweiten Blick als tückisch

Die Welt wächst zusammen, Firmen fusionieren, aber immer weniger Männer nehmen Auslandseinsätze unbeschwert an, nach dem Motto, die Frau folgt ohne zu zögern dem Hauptverdiener. Ebenfalls an Karriere interessierte, sehr gut ausgebildete Frauen folgen ihren Partnern nicht ohne weiteres beim

Sprung in ein anderes Land, bei dem ihre eigene berufliche Entwicklung stagnieren würde. Firmen haben dies erkannt und „Expatriates"-Programme, so lautet der englische Ausdruck für Konzernmitarbeiter im Ausland, aufgelegt. 98 Prozent dieser „Expats" sind Männer, und die sind beruflich umso zuverlässiger und erfolgreicher, wenn sie eine zufriedene Partnerin neben sich haben. „Das bleibt auch im Ausland so, vorausgesetzt, das Paar hat die Entscheidung gemeinsam getroffen", sagt Manfred Immler. Der Münchener Diplompsychologe hat sich als Mediator darauf spezialisiert, Konflikte in Wirtschaft und Arbeitswelt lösen zu helfen. Wenn Konflikte in und zwischen Unternehmen, zwischen Vorgesetzten und Mitarbeitern, Betriebsrat und Geschäftsführern schwelen, dann wird er als unparteiischer Dritter beauftragt, zu helfen, eine gerechte Lösung zu finden.

Die Statistik gibt Immler Recht. „Etwa 30 Prozent der Entsendungen gehen im ersten Jahr schief", sagt Matthias Weber von „Rödl & Partner". Und das sei vor allem dann der Fall, wenn das Unternehmen die Entsendung nicht gründlich vorbereite, erklärt der Assistent der geschäftsführenden Partnerin der in 32 Ländern vertretenen Unternehmensberatung. „Ungünstiger ist die Prognose, wenn aus der Hüfte geschossen wird, die Firma einen Großauftrag bekommen hat, und jemand muss ad hoc rüber, und die Familie reist nur noch hinterher." Der Diplomkaufmann, der für den Bereich „Strategische Human Resources" zuständig ist, berät sowohl die 2.300 eigenen Kollegen als auch Expats für auswärtige Mandanten.

> Auf drei Ebenen benötigt der Expat Rat und Hilfe, etwa bei der Frage, ob er in der deutschen Sozialversicherung bleibt

Auf drei Ebenen benötigen die Abwanderer Rat und konkrete Hilfe. Zunächst geht es um juristische und steuerliche Regelungen des künftigen Arbeitsvertrags. Das ist ein Wust von Entscheidungen, die vom Dienstwagen bis zur Urlaubsregelung reichen, sich zunächst aber natürlich auf den Entsendungsvertrag beziehen. Die Gretchenfrage: „Bleibt der Mitarbeiter in der deutschen Sozialversicherung, oder muss er in die des Gastlandes wechseln? Im Endeffekt geht es darum, wo der

Expat die geringsten Steuern zahlen muss." Kompliziert seien die Gehaltsberechnungen, Stichwort Lebenshaltungskostenindex. Während es sich in Stade für 100.000 Euro komfortabel leben lässt, reicht das in Tokio nur für ein Pappapartment in umtoster Lage. Wie sieht es mit Mobilitätsprämien aus? Werden Schulkosten übernommen? Solche Überlegungen spielen eine zentrale Rolle, wenn die deutsche Familie die erste Etappe ihrer Aufbauphase hierzulande gestemmt hat, will heißen: das Häuschen abgestottert, den Kindergartenplatz erkämpft und verlässliche Bande in der Nachbarschaft geknüpft hat. „Meist stimmen die Frauen zu mit dem Argument, du bist der Hauptverdiener, machen wir das", sagt Matthias Weber.

Seriöse Unternehmen erleichtern den Sprung in ein neues Leben, indem sie der Familie „Look-and-see-Trips" oder zumindest ein Schnupperwochenende im Zielland zahlen. Die Kurzreise dient nicht dem Vergnügen, sondern der Vermittlung geballter Information. „Danach ist die Entscheidung klarer", sagt Weber.

## Erfolgreich und unglücklich: Die Zweitkarriere

Ein Sonderfall unter den Jobwechslern sind die um die Vierzigjährigen, die inzwischen eine ansehnliche Zahl von Karriereberatern gut mit Aufträgen versorgen. Gemeint sind jene Ratsuchenden, die relativ jung, höchst erfolgreich und ziemlich unglücklich in ihrem Beruf sind. Irgendetwas stimmt nicht. Aber sich neu zu orientieren, das kostet Mut.

> Höchst erfolgreich und unglücklich im Beruf, hier führen Schlüsselfragen zu besseren Perspektiven

Das Konto ist gefüllt, aber im Kopf kreisen Fragen: Soll das beruflich wirklich alles gewesen sein? Will ich so die Zeit bis zur Rente verbringen? „Solche Fälle sind keineswegs selten", sagt Claudia M. Christen. Die Schweizer Diplomkauffrau, die in Frankreich aufgewachsen ist, hat sich nach Jahren als Bankmanagerin auf Karrierecoaching spezialisiert. In ihre Frankfurter Beraterpraxis kommen Menschen, die zwar Karriere gemacht haben – oder zumindest das, was die beruflichen Standards darunter verstehen –, aber unzufrieden sind. Sie möchten sich innerhalb ihres Unternehmens verändern oder ganz etwas anderes machen. „In Krisenzeiten mit 5,2 Millionen Arbeitslosen ist das schwierig. Da sind die Menschen gehemmt und haben noch mehr Angst vor einem Wechsel, als sie ohnehin schon haben." Diese Klienten machen meist ihren Job gut, aber ohne Leidenschaft. Ein Coaching kann helfen, aus dieser Lähmung zu finden und Alternativen zu erkennen. „Wir beraten nicht. Beim Coaching bekommen Sie einen Spiegel vorgehalten", erklärt die Achtunddreißigjährige.

Kundschaft gibt es theoretisch genug. Eine Studie der Unternehmensberatung Gallup gelangte schon vor zwei Jahren zu dem Ergebnis, dass sich nur noch 15 Prozent der Beschäftigten als „engagiert" bezeichnen. Die anderen leisten Dienst nach Vorschrift oder haben innerlich gekündigt. Kündigungswellen rauben Vorstellungen von Freiheit und vernichten die Identifikation mit dem Arbeitsplatz. Hinzu kommt der Mix aus Überarbeitung und der fehlenden Wertschätzung durch Vorgesetzte.

Manchmal hat diese Desillusionierung mit der falschen Berufswahl zu tun. Oft reichen die Wurzeln für eine freudlose berufliche Existenz bis in die Oberstufenzeit zurück. Selten unterliegt die Berufswahl zu Beginn der Laufbahn wirklicher Sachkenntnis. Da gibt es den Abiturienten, der liebend gerne Kunstgeschichte studiert hätte und vielleicht ein sehr guter Kunsthistoriker geworden wäre. Brotlos, beurteilten die Eltern und empfahlen: Studiere doch was Vernünftiges. So wie dein Vater, der Jurist. Heute ist der Sohn Anwalt. Jetzt lebt er vernünftig und unzufrieden. Und das noch drei Berufsjahrzehnte lang? Begleitet werden solche Fehlentscheidungen von der inneren Stimme, die oft gehörte Merksätze ventiliert. Warnhinweise reichen von „Schuster, bleib bei deinen Leisten" bis zur Überzeugung „Künstler sind alle Spinner".

> Bei den Amerikanern heißt das „mid-career-crisis" und hat nicht den bedrohlichen Charakter wie hierzulande

Amerikaner scheinen sich einerseits eher von solchen familiären Loyalitäten lösen zu können und haben andererseits eine geringere Frustrationstoleranz, unbefriedigende Jobs auszuhalten. Bei ihnen ist die berufliche Umorientierung in der Mitte des Berufslebens weit verbreitet. Das Ganze heißt „mid-career-crisis“ und hat nicht den bedrohlichen Charakter wie im sicherheitsbetonten Deutschland, wo schon ein sonniges Aussteigerjahr im Lebenslauf nach Rechtfertigung schreit. Eine Midlife-Crisis ist das selten. Unzufrieden können auch die dreißigjährigen Durchstarter sein.

Oder erfolgreiche Frauen um die vierzig. Die gehören quasi zur klassischen Kientel von Claudia M. Christens „Inspire Coaching“. „Das sind karrieretechnische Topfrauen, Juristinnen, Bankerinnen, Unternehmensberaterinnen, die es geschafft haben, in verantwortungsvolle Jobs zu gelangen. Manchmal ist unklar, ob das eine Rolle ist, in die sie gepuscht worden sind, die sie aber eigentlich nicht wollen. Sie leben Werte, die nicht ihre eigenen sind.“ Erfüllt sind sie nicht und auch nicht länger bereit, „den Frust mit sich herumzutragen“. Nachfragen muss Christen kaum. „Sie sagen, mein Chef ist blöd, die Stimmung ist blöd, aber ich kann nichts dagegen tun, weil der Markt so eng ist.“ Vielleicht eben doch, ermutigt Christen. „Manchmal hilft schon ein Inhouse-Wechsel. Leider ist das in Deutschland schwieriger als in anderen Ländern.“

„Glückskriterium“ Geld

Geld ist jedenfalls kein verlässliches Glückskriterium. So wie bei einem ehemaligen Bankkollegen, der sagt: „Bei meinem bestbezahlten Job war ich todunglücklich.“ Natürlich gebe es auch die anderen Typen: „Einige Bekannte, die im Sales arbeiten und Kaltakquise machen, die gehen schon darin auf, einen Erfolg zu verbuchen. Dieses Adrenalin bis zum Abschluss ist für manche toll, und sie finden ihre Zufriedenheit im guten Resultat. Aber das gilt eben nicht für alle.“

Christen fahndet mit ihren Klienten dann nach Mustern, die individuell erfüllen und Kopf- und Bauchgefühl ins Gleichgewicht bringen: Was zeichnet Sie aus? Welche Talente sind seit Ihrer Kindheit verschüttet? Was soll auf Ihrem Grabstein stehen? All die klassischen Coachingfragen können weiterhelfen.

Freistellungsmodelle

„Keine Frage, dass ein Berufswechsel eine große Herausforderung für die ganze Person ist", bestätigt Brigitte Scheidt. Die Berliner Psychologin hat über „Neue Wege im Berufsleben" ein Buch geschrieben. Ihre Hauptthese: Eine grundsätzliche berufliche Neu- und Umorientierung erfordert und bedeutet – neben dem Lernen von neuem fachlichen Know-how – auch immer einen psychischen Entwicklungsprozess, an dessen Ende eine neue berufliche Identität steht. Um das klarer zu fassen, hat die Psychotherapeutin ein Phasenmodell entworfen, das reflektierte Orientierung auf einem kurvenreichen Weg bietet: ein anspruchsvoller Prozess, der alles andere als linear verläuft und mit dessen Anforderungen der Berufswechsler konstruktiv umgehen muss. Checklisten helfen, sich darüber klar zu werden, wohin die Reise überhaupt gehen soll. Dazu gibt es eine Reihe handfester Hinweise. Zum Beispiel die Überlegung, Freistellungsmodelle sparbewusster Firmen zu nutzen. Oder auf Tagungen und Zugfahrten aktiv Kontakte zu knüpfen und die zu pflegen. Wie das gehen kann, erläutert Brigtte Scheidt in dem Abschnitt „Beziehungspflege für Skeptiker und Schüchterne". All das sind Schritte zu einer neuen Tätigkeit, die womöglich mit der eigenen Wertorientierung besser übereinstimmt als die alte. Familie und Bekannte helfen meist nur bedingt weiter. Sei haben keinen Abstand. „Ab einem gewissen Punkt helfen die Freunde nicht weiter. Denn ein Wechsel kann auch sie bedrohen, weil er zeigt, was möglich wäre."

> Anfangs geht es nur darum, den Fuß in die Tür zu bekommen und nicht den „King" zu mimen

Brigitte Scheidt warnt vor den schlichten Strickmustern mancher Aufbruchseminare, die kühl den Markt analysieren und forsch suggerieren: Wichtig ist allein der Wille, sind die richtigen Leute, die richtigen Hobbys, dann klappt das mit dem Wechsel. Zunächst ist der Wechsler ein Anfänger. Zwar kein blutiger, aber eben ein Anfänger, der wieder in der Rolle des Lernenden steckt. Diesen Rollenwechsel ignorieren gerade diejenigen gerne, deren Selbstbewusstsein künstlich durch ein Neuorientierungsseminar aufgepumpt worden ist. „Anfangs geht es nur darum, den Fuß in die Tür zu bekommen und nicht den King of Sonstwas zu mimen", relativiert Brigitte Scheidt.

Diese überzogene Selbsteinschätzung hatte der Architekt nicht, der voller Unzufriedenheit aus seinem Beruf ausgestiegen war. Nach einer Zeit der Suche arbeitete der genussfreudige Mann ein Jahr lang als Praktikant bei einem Weinhändler, machte sich sachkundig im Vertrieb, bei der Kalkulation, den Zulieferern. Heute betreibt er gut gehende Weinläden. Seinem Architektenalltag trauert er nicht hinterher. Dort fühlte er sich zusehends zerrieben zwischen künstlerischen Möglichkeiten, Kundenansprüchen und Gelddiskussionen. Auf ungute Kompromisse hatte er keine Lust mehr. Ebenso wenig wie seine Frau auf die chronisch schlechte Laune ihres Mannes. Heute geht es der Familie mit dem neuen Beruf gut.

Brigitte Scheidt kennt einige Erfolgsgeschichten einer zweiten Karriere. So wie die der ehemaligen Leiterin einer Beratungsstelle, die heute in der Konfliktberatung einer Firma arbeitet. Oder der Volkswirt, der seinen Geschäftsführerposten aufgab und als Immobilienmakler arbeitet. Claudia M. Christen nennt ihren britischen Kollegen Andy Denne, der International Marketing Director bei Reuters war. „Das aber war es nicht, was ihn im Leben eigentlich antrieb. Er hat sich als Coach selbständig gemacht, ziemlich direkt nach der Ausbildung und ziemlich erfolgreich.“ Die Branche vermisst er nicht.

Denn wer Neues entdecken, neu überprüfen und neu auswählen möchte, der muss Altes loslassen. „Das funktioniert nicht einfach per Beschluss und Verstand. Dazu gehört die Auseinandersetzung mit eigenen Überzeugungen und familiären Regeln wie auch die Verarbeitung von eventuell erfahrenen beruflichen Kränkungen, die ja auf nahezu allen Hierarchie-Ebenen zu finden sind“, sagt Brigitte Scheidt.

**Kopfkino einschalten**

Hilfreich ist das Kopfkino, das der Wechselfreudige einschalten soll. „Wir haben alle Regeln, nach denen wir leben, es geht darum, diese zu erkennen und neu zu werten. Und dann das Eigene zu finden, die Leitlinien zu meiner eigenen Karriere, die zu mir passt. Manch einer begreift auch die drohende Arbeitslosigkeit oder eine Kinderpause als Chance, das zu tun.“

Manchmal ist der Ausstieg ein Akt der Befreiung. So wie bei dem erfolgreichen Frankfurter Bankmanager, der fast das Klischee des toughen Frankfurter Finanzfachmanns verkörperte. Eigentlich wollte er Musik studieren, denn seit er denken kann, liebt er den Jazz. Das entsetzte die Eltern: Davon kannst du nicht leben. Studiere etwas Solides. Also schrieb er sich für Betriebswirtschaft ein, schraubte sich mit seinen hoch dotierten Jobs immer höher, um mit 45 Jahren inne zu halten. Den ganzen Tag nur Bilanzen, Konten, Kreditvergabeprüfungen? Das kann doch nicht alles gewesen sein. Andererseits wusste er, dass er sich an das angenehme Leben, das sein exorbitantes Gehalt ermöglichte, längst gewöhnt hatte. Er seilte sich quasi en passant aus dem glitzernden Bankenturm ab, prüfte kritisch die Marktlage, besuchte drei Existenzgründerseminare und betreibt inzwischen ein Geschäft, in dem er unter anderem Musikinstrumente und Jazzliteratur verkauft. Der Laden läuft, auch weil er Kontakt zu ehemaligen Geschäftskunden gehalten hat, die nun zum Teil bei ihm einkaufen, weil sie selbst in ihrer Freizeit gerne Jazz hören und spielen.

Die Freunde ersetzen den Coach und berichten, welche Stärken der Wechselwillige in ihren Augen hat

Umwege haben auch dem Berliner Jan G. zu einer besseren beruflichen Orientierung geführt. Nach dem Studium fand der Amerikanist seine erste Stelle bei einem mittelgroßen Architektur-Planungsbüro. Offiziell war er Assistent der Geschäftsführung, inoffiziell war er Mädchen für alles. Seine Unzufriedenheit stieg ständig. Er bekam kein Feedback und sah keine Perspektive. Den Bekannten ging die Jammerei allmählich auf die Nerven. Eine gute Freundin ärgerte sich nicht über die ewigen Beschwerden, sondern fragte zurück: Weißt du eigentlich, was du willst? – Sie erntete zunächst das große Schweigen und empfahl ihm folgende Methode: Er sollte Freunde und Bekannte bitten, ihm zu sagen, wo sie seine Stärken sehen. Es ging nicht darum, an den Fehlern zu arbeiten, sondern die Stärken zu erkennen und für die persönliche Entwicklung zu nutzen.

Heraus kamen erstaunliche Dinge, denn zwischen der Selbst- und der Fremdwahrnehmung klaffen manchmal Welten. Seine Stärken liegen im kommunikativen Bereich, er kann gut mit Menschen umgehen und sie von Dingen überzeugen. Diese

Eigenschaften hielt Jan G. bisher für selbstverständlich und nicht weiter erwähnenswert. Aber dadurch, dass alle zehn Außenstehenden ihn so ähnlich eingeschätzt hatten, wurde er nachdenklich. Offenbar ist diese Begabung bei ihm überdurchschnittlich ausgeprägt. Die Konsequenz: Er federt das universitär ab und macht ein berufsbegleitendes MBA-Studium. Und er hat ein Gespräch mit seinem Chef gesucht. Der Entschluss trägt schon Früchte: Jan G. ist jetzt offiziell verantwortlich für das Marketing der Projekte.

Wie kommt man seinen längst verdeckten beruflichen Träumen auf die Sprünge? Berater stellen folgende Frage: Für welche Tätigkeit, Idee, Unternehmung würden Sie schwungvoll nachts um drei Uhr aus dem Bett springen? Oder die härtere Variante: Wenn Sie nur noch drei Wochen zu leben hätten, was würden Sie an Ihrem Leben ändern? Solche Fragen tricksen Bedenkenheitsschranken im Kopf aus und zielen auf die Bauchebene. Ist man nicht dem Buddhismus, sondern einer christlichen Religion zugeneigt, dann hat man auf Erden nur ein Leben. Und das sollte man gut leben.

**Thesen zum Jobwechsel**

Wer aufsteigen möchte, der muss die Stellen und damit oft die Orte wechseln. Zu kerzengraden Karrieren gehören in einer globalisierten Arbeitswelt Standortwechsel, spätestens alle sieben Jahre, meist in kürzeren Intervallen. An einem neuen Arbeitsplatz kann sich der Wechsler sozusagen neu erfinden, allerdings auch in zahlreiche Fallen tappen.

- Gute Kommunikation ist entscheidend für einen ordentlichen Start in einem noch wenig bekannten Terrain. Stellen Sie sich persönlich oder einem größeren Kreis mit einer Rundmail vor.

- Gehen Sie auf die anderen zu, hören Sie ihnen genau zu und fällen Sie keine vorschnellen Urteile.

- Vorsicht vor allzu großer Vertrautheit. Halten Sie Abstand von den Unzufriedenen.

- Geben Sie sich Zeit, die inneren Strukturen und ungeschriebenen Gesetze und Gepflogenheiten zu durchschauen.

- Bemühen Sie sich, Seilschaften zu durchschauen.

- Halten Sie sich mit raschen Verbesserungsvorschlägen zurück, noch wissen Sie zu wenig über die Situation.

- Informieren Sie sich gründlich über Ihren Vorgänger, mit ihm werden Sie verglichen.

- Wenn Sie Ihre engsten Vertrauten mitgenommen haben, dann machen Sie sich die Brisanz der Situation klar: Um Lagerbildung zu verhindern, sind viele Gespräche nötig.

- Sie stehen unter aufmerksamer Beobachtung. Leisten Sie sich keine Schnitzer bei der Mitarbeiterführung. Fehlendes Fachwissen wird Ihnen eher verziehen.

- Halten Sie 100 Tage Einsamkeit aus – die Zeit arbeitet für Sie.

Wechsel ins Ausland hören sich immer nach großartigem „Weite-Welt-Gefühl“ an, haben aber ausgeprägte Schattenseiten. Realistische und gründliche Vorbereitung schützt vor Enttäuschungen. Zuvor muss daheim ein umfangreicher Fragenkatalog durchgearbeitet werden.

- Was ist mit der Familie, findet der Partner dort Arbeit und Anschluss?

- Wie sieht die Schulsituation der Kinder aus, ist eine teure Privatschule finanzierbar?

- Wie sieht es mit der Landessprache aus? Schließlich ist das ein wichtiger Integrationsfaktor.

- Was geschieht nach der Rückkehr? Sind in Deutschland die reizvollen Positionen längst besetzt?

- Wer im internationalen Management agiert, der muss sich mit der anderen Lebens- und Verhandlungskultur vertraut machen.

- Wer die Unterschiede ignoriert und Fallstricke nicht erkennt, der gefährdet Kooperationen.

Ist wirklich ein anderes Land die Lösung – oder vielleicht doch ein Berufswechsel? Externe Berater helfen der Vorstellung vom eigenen Glück auf die Sprünge.

- Um sich über verdeckte Wünsche klar zu werden, hilft es, das Kopfkino vom erfüllteren Berufsleben einzuschalten.

- Bitten Sie um Beurteilung und lassen Sie sich von zehn Freunden und Bekannten Feedback über ihre Stärken geben – diese Fremdwahrnehmung kann neue Ideen freisetzen.

# II

## Wer zu viel schreibt, hat später ein Problem

*Erfolg verändert den Menschen nicht.*
*Er entlarvt ihn.*
Max Frisch

Wer nach oben strebt, der trägt in sich ein ausgeprägtes Macher-Gen, er will Dinge nach vorn bringen und natürlich auch sich selbst. Geduld ist die Stärke solcher Leute nicht. Um richtig gut zu werden, müssen sie sich allerdings darin üben und ihren Hang zum Hau-drauf-Verhalten diplomatisch disziplinieren.

In der Ruhe liegt die Kraft, das ist keine Aufforderung zum Büroschlaf, sondern eine Erinnerung daran, nicht zu schnell zu reagieren, keine hektischen Aktionen zu starten und unüberlegt zu handeln. Vor allem nicht schriftlich, denn „niemand holt sein Wort wieder ein", weiß Wilhelm Busch, und man möchte es jedem hitzköpfigen High Potential ins Stammbuch schreiben. Gute Strategen regeln heikle Angelegenheiten mündlich und am besten im Vier-Augen-Gespräch. Was schriftlich fixiert ist, kann im Zweifelsfall gegen den Schreiber verwendet werden. Kurzum: Was schriftlich ist, das ist gefährlich.

### Vorsicht vor dem geschriebenen Wort

Anwälte, in deren Alltag ein falsch gewähltes Wort finanzielle Forderungen der Gegenpartei und Gerichtskosten auslösen kann, wissen das und sind im Umgang mit Schriftlichkeit gewiefter. Sie legen jedes Wort auf die Goldwaage und kontrollieren sich sorgfältig selbst.

Ein Arbeitsrechtler, der seit zehn Jahren eine sehr gut gehende Kanzlei im Süden von Berlin führt, mahnt seine jüngeren Kollegen vom ersten Tag an: Vorsicht vor dem geschriebenen Wort, ob das gesprochene hinterher später noch gilt, das ist Verhandlungssache. Der Mann kennt zu viele wilde Geschichten von erbost verfassten Antworten, die es dem gegnerischen Anwalt rhetorisch mit gleicher Münze heimzahlen möchten und die ihren Verfasser dann ans Schafott liefern, sprich ihm eine Beleidigungsklage bescheren. Unflätige Formulierungen werden genüsslich vor Gericht ausgebreitet und gegen die gegnerische Partei ins Feld geführt. Dumm gelaufen. Und teuer noch dazu.

**Fallstrick Befreiungsschlag**

Es klingt widersprüchlich, ist aber kriegserprobt: Wer führen möchte, ist klug beraten, sich in vielen Fällen passiv zu verhalten. Zum Beispiel bei einem aggressiven Brief, der ihm auf den Tisch flattert. Das rechthaberisch formulierte Schriftstück enthält Unwahrheiten, ist mit jeder Menge Sottisen garniert und lässt dem Empfänger schon nach den frechen Eingangszeilen den Kamm schwellen. Der erste Impuls der Engagierten: Das stelle ich klar, dem stoße ich Bescheid, das zahle ich dem heim! Sie werden zum Robin Hood in eigener Sache und blasen zum Kampf. „So eine Unverschämtheit" ist noch das harmloseste Urteil, um sich gewaltig über die Unverfrorenheit des Wettbewerbers aufzuregen. Als Befreiungsschlag dient ein emotionsgeladener Antwortbrief.

Selbstverständlich wird der Schriftwechsel aufgebracht als „cc", carbon copy, den Kollegen „zur Kenntnis" gegeben. Der Streit wird quasi also öffentlich gemacht und zieht Kreise. Den Effekt solcher Aktionen bedenken die meisten nicht: Natürlich hört jeder gerne vom Skandal und vom Streit und empört sich solidarisch mit – zumindest nach außen. Innerlich aber sind die Mitkonkurrenten oft nicht wenig schadenfroh und delektieren sich an dem Gefühl, dass der andere Ärger hat. Motto: Irgendwas bleibt immer hängen. Bei dem Projekt gibt es also mächtige Probleme. Chefs wollen aber Lösungen sehen und keine Probleme.

### Vorsicht beim Vier-Augen-Gespräch

Auf die Siegerstraße führen ein großes Mitteilungsbedürfnis und falsch dosierte Transparenz nicht, sondern geradewegs in die Sackgasse. All den Hitzköpfen ist anzuraten, einmal darauf zu achten, wann und in welchen Fällen ihr eigener Chef schriftlich agiert. Wann er etwas schriftlich fixiert, wann er schriftlich auf etwas antwortet. Und in welchen Fällen er zum Vier-Augen-Gespräch bittet – das tut er nämlich genau dann, wenn die verhandelten Dinge so schwierig sind, dass er sich ein Bild von der Situation verschaffen möchte, ohne später auf konkrete Aus- und Zusagen festgelegt werden zu können. Je nach Temperament oder Moral wird er später Sätze leugnen. Das mag verwerflich sein, ist aber in vielen Fällen pure Überlebensstrategie. Nicht nur in der Industrie, dort aber ganz besonders.

Ein führendes Boulevardblatt hat für Leserbeschwerden folgende Lösung gefunden: Die aufgebrachten Anrufer landen alle im Praktikantenzimmer. Einer der Nachwuchskräfte muss sich dann die bitterbösen Beschwerden – einige sind berechtigt, andere völlig aus der Luft gegriffen – anhören und dazu nichts Relevantes sagen. Dieses Beschwerdetelefon heißt im Unternehmen „Psychophon". Auf diese Anwürfe schriftlich zu reagieren, das fiele den Medienmachern im Traum nicht ein – da wären die wütenden Abonnementkündigungs- oder Anwaltsschreiben programmiert. So aber „versendet" sich das Ganze, wie es im Journalistenjargon heißt.

Sprache unbedacht als Waffe einzusetzen, kann Kontakte und Karrieren schlagartig beenden. Der Schriftsteller Kurt Tucholsky kennt diese Gewalt des Wortes: „Du musst über einen Menschen nichts Böses sagen. Du kannst es ihm antun – das nimmt er nicht so übel. Aber sage es ihm nicht. Er ist in erster Linie eitel, und dann erst schmerzempfindlich."

> Kontrollierte Höflichkeit und freundliche Floskeln sind oberstes Gebot bei heiklen Missionen

Sich rhetorisch zurückzunehmen ist eine unterschätzte Strategie. Wenn etwas schriftlich auf den Weg geschickt werden muss, dann ist kontrollierte Höflichkeit das oberste Gebot. Wer sich häufig nicht daran hält, sind Wissenschaftler untereinander. Zum Beispiel beim Ringen darum, einen Aufsatz in einer wissenschaftlichen Zeitschrift unterzubringen und sich gegen Mitbewerber durchzusetzen. Der Schriftverkehr, der zwischen formulierungsfreudigen und intelligent boshaften Geisteswissenschaftlern um eine Platzierung von Forschungsergebnissen entbrennt, ist ein einziger Schlagabtausch: unverschämt im Ton, knallhart in der Sache. Da werden Urteile gefällt und Bedingungen diktiert nach der Devise: Friss, Vogel, oder stirb mit deinem dämlichen Forschungsprojekt. Solche

Kommunikation ist hässlich, funktioniert aber auch nur von Elfenbeinturm zu Elfenbeinturm (und zum Beispiel nicht bei der Einwerbung von Drittmitteln): Denn die Kontrahenten sind verbeamtet und bestens abgesichert. Im Wirtschaftsleben käme dieses Verhalten einer Katastrophe gleich. Da herrscht ein anderer Wind und Wettbewerb.

**Sülzen, sülzen, sülzen**

Statt sich sprachlich vor Wut gehen zu lassen, sind höfliche Floskeln das A und O solcher Briefe mit heiklen Missionen. Ein Physiker hat sich in seinen Assistentenjahren an der Universität einen ruppigen Stil angewöhnt und für die Pöbeleien von Lehrstuhl zu Lehrstuhl nie ein Korrektiv erlebt. Dann ist er zu einem Energiekonzern gewechselt und hat bitteres Lehrgeld bezahlt. Inzwischen hat er sich um 180 Grad gedreht: „Mir sind zwei Aufträge geplatzt, weil ich die in der Industrie üblichen Rituale nicht eingehalten habe, das habe ich aber nur auf Umwegen herausbekommen. Seitdem schreibe ich nach der Devise: sülzen, sülzen, sülzen. Das tun die anderen auch, die schleimen, was das Zeug hält. Wenn man da nicht professionell mitmacht, dann kann man die Aufträge vergessen." Das sagt er mit einem Achselzucken.

Freundliche Arabesken, Nachfragen über die „werte Gattin", Lob über einen Auftritt des Geschäftspartners, all das gehört zum Schmierstoff in Unternehmen. Motto: Der kluge Mund lügt mit der Wahrheit. Eine Bochumer Personalleiterin führt eigens eine Stichwortkartei, um sich zu notieren, welcher Geschäftspartner wie viele Kinder hat und wie diese heißen, „das rüstet mich für den unerlässlichen Smalltalk und öffnet Türen". In der Schaltzentrale des Werkzeugherstellers rät sie das ihren Kollegen, die noch nicht so lange im Beruf sind, und zitiert Ludwig Börne: „Höflichkeit ist Staatspapier des Herzens, das oft umso größere Zinsen trägt, je unsicherer das Kapital ist."

> Defensiv ist dieses Vorgehen eben nur scheinbar, denn Angriffslust schürt das Misstrauen des Gegners

Die chinesische Variante dieser List lautet anders, um die wahren Absichten durch wohl gewählte Worte zu verschleiern: „Hinter dem Lächeln den Dolch verbergen", nennen das die asiatischen Kriegsherren. Ruhig verharren und scheinbar in die Defensive gehen, das ist das listenreiche Grundgebot zweieinhalbtausendjähriger asiatischer Militärführung und Kampftechnik. Defensiv ist dieses Vorgehen eben nur scheinbar.

Dazu gehört als erster Schritt: Abwarten und Tee trinken. Nie im ersten Ärger reagieren, sondern die üble Angelegenheit mit mehr Abstand betrachten. Also grundsätzlich eine Nacht darüber schlafen. Zeit relativiert. Wut hingegen vernebelt den Blick für Realitäten. Wer sich in Distanz übt und Ruhe ausstrahlt statt schwitzfleckig eine Diskussion anzufeuern – obwohl er innerlich bebt –, befindet sich immer in der besseren Position. Außerdem verschafft er sich so einen besseren Überblick.

**Kriegsführung beruht auf Täuschung**

Im zweiten Schritt ist es wichtig, eine kritische Gegenmeinung einzuholen, sich also Rat eines neutralen und verschwiegenen Menschen zu erfragen. Ratschläge sind auch Schläge und unangenehm, aber sie sind sinnvoll, weil sie eine zweite Perspektive eröffnen. Mitunter hilft ein Rollenspiel: Der Ratgeber übernimmt die Position des Gegenspielers und nennt dessen Gegenargumente. Um einen Widersacher zu bekämpfen, muss man ihn und seine Vorgehensweise durchschauen. Denn jede Kriegsführung beruht auf Täuschung. Wenn ich den Süden schütze und den Norden nicht absichere, dann attackiert ein kluger Feind natürlich genau dort oben in der ungesicherten Flanke. Starre Reaktionsschemata bringen keine Erfolge. Die Vorgehensweise muss jedes Mal neu durchdacht werden.

Angriffslustig zu erscheinen, das schürt nur Misstrauen und erhöht die Gefahr, dass sich der Gegner wappnet. Starke Redner werden sofort als Konkurrenz und damit Bedrohung wahrgenommen, die bekämpft werden muss. Ratsamer ist es, unterschätzt zu werden und sich als Wolf den Schafspelz umzulegen, also zuzuhören und durch geschickte Fragen zu erfahren, was der Gegner vorhat. Wer den Anschein erweckt, schwach zu sein, der provoziert den Gegner, überheblich zu reagieren. In diesem Windschatten lassen sich trefflich die Truppen versammeln und auf den Gegenschlag einstimmen. Das verkennen viele aufstiegswillige Menschen. Sie haben das Schlüsselwort vor Augen, dass zu Recht durch den Stellenmarkt wabert:

Durchsetzungskraft. Nur sollten sie diese Durchsetzungskraft nicht mit übereiltem Aktionismus verwechseln.

Denn die größte Leistung besteht darin, den Widerstand eines Feindes ohne einen Kampf zu brechen. Der ehemalige Manager Daniel Goeudevert stellt eine zentrale Frage, die er dann auch gleich beantwortet: „Ist Sieg gleichzeitig Erfolg? Nur wenn man genau weiß, welche Mittel dafür eingesetzt wurden."

**Thesen zu Strategie und Taktik**

Damit ein Weg stetig voran und bergauf führt, ist selbst verordnete Passivität in vielen schwierigen Fällen eine gute Strategie. Abwarten und scheinbar in die Defensive gehen, aber eben nur scheinbar, ist eine kluge Taktik.

- Unterdrücken Sie Ihr Mitteilungsbedürfnis. Was schriftlich ist, das ist gefährlich und kann gegen Sie verwandt werden.
- Niemand holt sein Wort wieder ein. Gute Strategen regeln heikle Dinge im Vier-Augen-Gespräch.
- Falsch dosierte Transparenz im Kollegenkreis führt in die Sackgasse.
- Überschlafen Sie die Sache und reagieren Sie nicht aus der Wut heraus. Das vernebelt den Blick für die Realität.
- Holen Sie eine zweite neutrale Meinung ein und versetzen Sie sich in die Rolle des Gegenspielers.
- Ist eine schriftliche Reaktion unvermeidbar, dann ist kontrollierte Höflichkeit oberstes Gebot – je schwieriger der Kontrahent, desto korrekter muss die Wortwahl sein.
- Kriegsführung beruht auf kluger Täuschung.
- Unterschätzt zu werden, ist eine komfortable Position – das provoziert den Gegner, überheblich zu reagieren und Fehler zu machen.
- Verwechseln Sie Durchsetzungskraft nicht mit übereiltem Aktionismus.

# III

## Einer teamt, die anderen arbeiten

*Was ich bin, bin ich den anderen schuldig.*
Johann Wolfgang Goethe

In einer sich immer schneller drehenden Wirtschaftswelt, die unter der Globalisierung ächzt, sind Projektteams Standard in jedem Unternehmen. Die Unternehmenswirklichkeit wird zunehmend von Aufgaben dominiert, die Einzelpersonen nicht mehr überschauen können. Um Aufträge fristgerecht bewältigen und neue Produkte entwickeln zu können, werden die Mitarbeiter vorübergehend zusammengewürfelt, mitunter recht wild: Kollegen, die sich vormals nur vom flüchtigen Kantinenblick her kannten, müssen auf einmal unter Zeitdruck eine schwer überschaubare Aufgabe stemmen, eine komplizierte Präsentation vorbereiten, einen Entwurf für eine neue Fabrikanlage vorlegen.

Teamarbeit kann sinnvoll sein. Gruppenarbeit wird schon in der Grundschule pädagogisch wohlwollend inszeniert. Aber ein Team gut aufeinander einzustimmen und jedem und jeder sinnvoll Aufgaben zu überantworten, das ist die hohe Führungskunst. „Einer teamt, die anderen arbeiten" oder auch, „toll, ein anderer macht's" – die flapsigen Formeln sind nicht ohne Grund legendär.

Unterwerfung der Begabten

Managementvordenker wie Reinhard Sprenger kritisieren, dass Teams häufig nicht klar in die Struktur eines Unternehmens eingeordnet sind und Kreativität im Keim erstickt wird: „Teams sind die Unterwerfung der Begabten unter die Mittelmäßigen." Der Managementberater Fredmund Malik ist wiederum davon überzeugt, dass die wirklich großen Leistungen selten von einer Mannschaft, sondern von Einzelpersonen erbracht werden. Deshalb kann es eine ausgezeichnete Strategie sein, dass ein guter Teamführer die Hochbegabten zwar in die Gruppe einbindet, ihnen aber große Freiräume einräumt. Und diese Ausnahmeregelung muss vor den anderen auch deutlich kommuniziert werden. Fachleute finden für das in Teams häufig herrschende intellektuelle Ungleichgewicht auch böse Beschreibungen, so wie der amerikanische Psychologieprofessor Meredith Belbin, der vor einer Gruppe angepasster

Befehlsempfänger warnt: „Eine Schafherde ist eine gute Gemeinschaft, aber ihre einzige Leistung besteht darin, Gras zu fressen."

Eine gewisse Exzentrik schärft das Profil der Genialität. Oft sind es die durchgeknallten Künstler, die Kunstgeschichte schreiben, und die sozial schwer kompatiblen Querdenker, die Genforschung vorantreiben. Und deren anstrengende Andersartigkeit macht die Mittelmäßigen rebellisch. Die Zahl der Projekte, die scheitern, weil sich die Leute untereinander nett und nutzlos verhalten oder wütend entzweien, ist immens hoch: Fachleute, die versuchen, anderen Projektmanagement beizubringen, sprechen von bis zu 60 Prozent missglückten Projekten (natürlich auch, um ihre Existenzberechtigung zu unterstreichen). Grund genug, sich die Sache mit der Teambildung einmal gründlicher anzuschauen.

**Verkopft bekämpft kunstsinnig**

Was macht ein Projektleiter, der fassungslos erkennen muss, dass sich die Kleingruppe schon auf der dritten gemeinsamen Sitzung entzweit? Da ist der verkopfte, abstrakt denkende Ingenieur, der am liebsten stundenlang still in seinem Computer-Kämmerlein die Statik für die neuen Pfeiler der automatischen Verpackungsstation für Getränkekartons berechnet. Wahrlich für Außenstehende kein prickelndes Thema, aber diese kryptische Zahlenwelt ist sein Metier. Und dafür braucht er Ruhe und keine nervenden Fragen einer quirligen Marketingfachfrau, die das spröde Fabrikprojekt anzupreisen hat.

Sie muss sich den Kopf darüber zerbrechen, wie man eine diffizile Anlage mit all ihren Messdaten auf ein optisch gefälliges Faltblatt und die Wände eines Maschinenbau-Messestandes bannt, der mit Hunderten anderen Ständen in einer stickigen Halle um Aufmerksamkeit potenzieller Kunden heischt. Bisher hat ihr der Ingenieur nur einen Wust kleinteiliger Tabellen und undurchsichtiger Zahlen im Hauspostumschlag weitergereicht. Der Ingenieur beherrscht die Sprache seines Faches ausgezeichnet, die Sprache der Zahlen und Formeln, sich in der Besprechung für Laien verständlich ausdrücken, das kann er nicht und ärgert sich maßlos über die Schwafeleien der anderen. Sein Datensalat ist wiederum der kunstsinnigen Frau ein Rätsel, der Autor der Daten ist ihr von Herzen unsympathisch: Heimlich verachtet die Extravertierte den Introvertierten. Die beiden haben ein immenses und für die Firma kostspieliges Kommunikationsproblem. Von „Dreamteam“ keine Spur. Dabei, das ist der Trost, kann Heterogenität in einer Gruppe ganz wesentlich zu deren Erfolg beitragen.

> Ein kluger Teamleiter schafft eine Atmosphäre gegenseitiger Wertschätzung und versöhnt die Temperamente

Eine kluge Führungsstrategie besteht nun darin, untereinander eine Atmosphäre gegenseitiger Wertschätzung zu fördern – so lautet das Stichwort für eine effiziente Zusammenarbeit. Und das ist das wichtigste Instrumentarium, mit dem auch Führung ohne unmittelbare Vorgesetztenfunktion und personelle Weisungsfunktion möglich ist. Der Naturwissenschaftler muss lernen, dass seine brillanten Konzepte nichts nützen, wenn sie nicht vor Kunden anschaulich präsentiert und dann in hoher Stückzahl geordert werden. Die PR-Frau wiederum muss begreifen, dass der Ingenieur die Grundlage ihrer Marketingaktion schafft und ohne ihn das Produkt, das sie bewirbt, gar nicht erst entstanden wäre. Beide können nicht ohne einander und ergänzen sich in ihren Fähigkeiten – diese Botschaft muss der Teamleiter vermitteln.

**Ich-Botschaften formulieren**

Dabei hilft ihm das klassische Mittel aus dem Eheberatungstraining: Annäherung ist dann möglich, wenn der andere nicht mit Vorwürfen überhäuft wird, sondern Ich-Botschaften formuliert werden. Das Verfahren erfordert Übung und gute Anleitung. Ein Chef muss die beiden Auge in Auge an einen Tisch holen und durch sachliche Fragen die Probleme homöopathisch herausfiltern. So könnte die Marketingkollegin sagen: „Wenn Sie meinen Prospektentwurf so kritisieren, fühle ich mich gering geschätzt. Ich habe daran viele Stunden gearbeitet und gefeilt.“ Und der Ingenieur: „Ich gebe mir Mühe, das verständlich zu machen. Aber die Konstruktion ist kompliziert, und ich habe den Eindruck, das Raffinierte an der neuen Technik wird in dem Schaubild nicht genug betont. Dabei fühle ich mich unwohl.“ Nach dieser Aussprache können sich die Kontrahenten besser in den so fremd erscheinenden anderen hineinversetzen. Danach kann sich wieder jeder in sein Kämmerchen zurückziehen und vorübergehend seinem Einzelgängerdasein frönen. Aber wirklich nur vorübergehend, um seine Stärken zu stärken.

Die Konstellationen scheinbar unvereinbarer Charaktere sind endlos. Ähnlich schwierig kann es sein, wenn zwei ambitionierte Marketingmitarbeiter um ein und denselben Auftrag konkurrieren und sich nicht gegenseitig zuarbeiten, sondern die Präsentation neiden. Diese Situation einfach zu ignorieren und die beiden quasi gegeneinander laufen zu lassen, um dann hinterher den besten Entwurf auszuwählen, bringt aus strategischer Sicht nur kurzfristigen Erfolg. Aus Partnern Konkurrenten zu machen, diese Methode wird von Managern favorisiert, die sich gerne als besonders toughe Typen sehen.

Was sie nicht beachten: Langfristig werden so Ressourcen verschlissen. Einen Wettbewerb machen tüchtige Mitarbeiter ein-, vielleicht auch zweimal mit, dann sehen sie sich nach anderen Arbeitgebern um. Natürlich belebt Konkurrenz das Geschäft, aber es besteht die Gefahr, sich nur noch auf die Abgrenzung zum Gegner zu konzentrieren, statt sich gegenseitig zu beflügeln. Dauerhaften Erfolg bringt nur eine klare Aufgabenverteilung, wie etwa die Regelung, die jeweilige Projektleitung abwechselnd zu übernehmen. Mal darf der eine die Aufgaben koordinieren, dafür darf der andere die Präsentation leiten. Und beim nächsten Auftrag ist es umgekehrt. Das hält den lähmenden Neidfaktor so gering wie möglich.

> Andere Orte können der Kreativität auf die Sprünge helfen – das berühmte Brainstorming erledigt jeder zunächst allein

Ein Projektleiter ist also auch ein Moderator, der die Stärken und Schwächen der Kollegen erkennen und dann kanalisieren muss. Gerade unausgesprochene Konflikte behindern eine erfolgreiche Zusammenarbeit, ergab eine Untersuchung der Akademie für Führungskräfte in Bad Harzburg. Dabei scheinen sie bei der Teamarbeit programmiert: Die Suche nach Harmonie und nach Übereinstimmung wird in vielen Teams höher eingeschätzt als kritische Analyse und Auseinandersetzung. Also muss einer die Gruppe von Beginn an leiten. Er muss die Bereitschaft haben zu delegieren.

Außerdem darf er seine eigene Meinung nicht zu früh und prononciert zum Ausdruck bringen, um eventuelle Außenseitermeinungen zu unterdrücken und die Angepassten, die ihm nur nach dem Mund reden, von vorneherein vom eigenständigen Denken abzuhalten.

Offen kommunizieren, das können manche zwar im Einzelgespräch, wo sie auch – bewusst oder unbewusst – den einen Kollegen gegen den anderen ausspielen. Mitarbeiter A., der sich geschmeichelt fühlt, wenn der Chef ihn um Rat fragt und eine offene Einschätzung über den Kollegen B. einholen will, dem sei gesagt: Um Rat einzuholen, darum geht es in den wenigsten Fällen. Vielmehr geht es so agierenden Chefs fast immer darum, Interna aus den Leuten herauszukitzeln. Was dem scheinbar ins Vertrauen gezogenen Mitarbeiter klar sein sollte: Zum nächsten Einzelgespräch wird Kollege B. befragt, wie sich denn der A. so macht. Natürlich ganz im Vertrauen.

In einer Gruppe sind solche Sonderbehandlungen ohnehin unmöglich, hier muss so offen wie möglich kommuniziert werden. Um ihrer Rolle gerecht zu werden, sollten Teamleiter Grundregeln einführen. Zum Beispiel den sinnvollen Aspekt des berühmten, aber auch berüchtigten Brainstorming: Kein Vorschlag, und klingt er noch so abgedreht, darf verbal oder nonverbal negativ kommentiert werden. Einer führt, am besten an einer großen Tafel, Protokoll. So ist der Boden für phantasievolle Lösungen bereitet. Aussortiert und gestrichen werden die Vorschläge erst hinterher. Nach dieser Methode funktioniert auch gutes Schreiben: Lieber erst einmal die Ideen zu Papier bringen, ungefiltert und ohne, dass die Schere im Kopf zu laut klappert. Herausstreichen ist später immer noch möglich. Originelle Gedanken einflechten und phantasievolle Formulierungen nachrüsten, das ist jedoch doppelt schwer und endet meist in Flickschusterei.

**Berüchtigtes Brainstorming**

Brainstorming in der Gruppe kann zwar erheiternd sein, ist aber nicht immer so ergiebig, wie viele glauben. Der Sozialpsychologe Wolfgang Stroebe aus Utrecht hat dazu geforscht und kam zu dem überraschenden Ergebnis: Wer am häufigsten mit anderen kommunizierte, hatte die wenigsten Ideen. Also ist Vorarbeit im stillen Kämmerlein meist sinnvoller. Der Wissenschaftler schlägt vor: Gedanken schriftlich festhalten und nur die Resultate im Team diskutieren – so wird das kreative Potenzial aller am besten genutzt.

Der Kreativität kann man durch einen weiteren simplen Trick auf die Sprünge helfen: Gelegentlich soll das Team in einem anderen Raum und Rahmen tagen – eine neue Umgebung bringt auf neue Gedanken. Ein Treffen in einem Lokal kann die Gesprächskultur untereinander befördern.

Grenzerfahrung auf klammer Luftmatratze und im kalten Bach lässt den Müller noch unsympathischer erscheinen

Teure Teamförderaktionen wie „Survival-Wochenenden" mit Wildwasserfahrt und Sauerampfersalat – bei denen sich die Veranstalter den nicht vorhandenen Komfort teuer bezahlen lassen – waren eine Zeit lang groß in Mode. Jedes Unternehmen, das etwas auf seine Managementkompetenz hielt, buchte die bizarrsten Grenzerfahrungs-Seminare, meldete Mitarbeiter zum Tandemsprung oder Freeclimbing an. Sich selbst überwinden und Gipfel erstürmen, das gibt jede prestigebewusste Führungskraft offiziell als Freizeitvergnügen an – man mag das gar nicht mehr lesen und erst recht nicht glauben. Aber ein Manager, der gerne Rasen mäht oder Modelleisenbahnlandschaften bastelt, der verkörpert halt keine Dynamik und verheißt keine Visionen, die viele so vollmundig und inhaltsleer ankündigen.

Die armen Mitarbeiter müssen dann ran und raus zum Outdoor-Training: Regnerisch war es, zuweilen auch lustig. Aber ein ganzes Wochenende opfern, um mit dem blöden Müller eine klamme Luftmatratze zu teilen und in einen eiskalten Bach zu springen – musste das sein? Ausstehen kann man den Kollegen Müller noch immer nicht. Dafür hat das Wort vom „Gruppenzwang" an unschöner Tiefenschärfe gewonnen. Der Unfug, zu dem solche Seminare mit abenteuerlichen Titeln anstiften, scheint grenzenlos. So wie beim Kreativitäts-Workshop im Sauerländischen, bei dem die Teilnehmer mächtige Steine auf Anhöhen schleppen sollten. Bei dem Gipfeltreffen erfuhren sie dann, natürlich völlig außer Puste, dass sie dazu neigten, sich „gerne zu viel Verantwortung aufzubürden".

Da ist der gemeinsame Gang zum Italiener um die Ecke kostengünstiger und effektiver, schon eine ungewohnte Sitzordnung bringt frischen Wind in die Treffen. Und es gibt noch einen Aspekt, der für die kleine italienische Lösung spricht: Zeit ist kostbar. Die knappe Freizeit mit Kollegen zu verbringen, verschärft den privaten Stress. Eine denkbar schlechte Ausgangslage. Sympathie lässt sich nicht künstlich erzwingen.

Labern vernichtet Kapital

Unbestritten ist, dass Teambesprechungen dazu verführen, ausschweifenden Rednern ein willkommenes Forum für eitle Selbstdarstellungen zu bieten. Da hilft es, eine Tagesordnung zu skizzieren und darauf zu drängen, diese straff abzuarbeiten. Sinnfreie Labereien, aber auch harsche Rechthaberei muss der Teamleiter unterbinden. Das ist seine Aufgabe. Auch wirtschaftlich gesehen. In Besprechungen melden sich oft diejenigen ausgiebig zu Wort, die an diesem Tag nichts Aktuelles zu schaffen haben. Zufällig haben sie heute keinen Zeitdruck und sülzen die voll, die auf heißen Kohlen sitzen, weil der Kostenvoranschlag noch in die Nachmittagspost muss. Hier wird Unternehmenskapital vernichtet: Zehn Akademiker, die anderthalb Stunden tagen, von denen nur eine halbe Stunde für die zu treffenden Entscheidungen notwendig ist, die verbummeln zehn teure Arbeitsstunden. Diese Rechnung sollte ein Teamleiter kritisch eröffnen.

Er muss eben führen. Ganz so wie ein souveräner Pädagoge. Der Nachwuchs vergnügt sich im Garten. Richard baut mit Katharina Burgen. Irgendwann eskaliert das Spiel der beiden Vierjährigen. Anlass ist die kleine rote Schaufel, davon gibt es nur eine, das ist das Objekt der Begierde. Die blauen und grünen Schäufelchen und Kellen interessieren beim Burgenbauen plötzlich keinen mehr. Rot, das ist begehrt, das ist rar, das ist das Alleinstellungsmerkmal. Um das Plastikteil entbrennt ein wüster Streit. Am liebsten, das strahlen die ansonsten verträglichen Kleinkinder aus, würden sie sich mit dem Spielzeug gerne tüchtig eins über die Köpfe ziehen. Da schreitet eine Mutter ein, entzweit die Streithähne und fragt, wie sie das geduldig schon des Öfteren getan hat: „Wir haben einen Konflikt. Beide wollt ihr die Schaufel. Wir haben aber nur eine. Was machen wir denn dann?“ Sichtlich genervt blicken die kleinen Kontrahenten hoch und sagen in gereiztem Unterton fast unisono: „Einen Kommmpromisss!“ Sie kennen das Schlichtungs-Procedere schon.

Ja, ein Kompromiss muss her. Diplomatie ist lästig und kostet Zeit, führt aber langfristig zu besseren Ergebnissen als die harte Strategie der Konfliktlösung. Schöner wäre es natürlich gewesen, sich kurz eins überzubraten – das sieht man den zart zornigen Kontrahenten an. Aber nur für den Moment. Längst spielen die beiden wieder einträchtig miteinander. Diese Streitschlichtertechnik lässt sich auf die Großen übertragen. Denn mitunter geht es im Konferenzraum ähnlich wüst zu wie weiland im Sandkasten ...

Solche Moderation verlangt Geduld und lohnt sich auf lange Sicht. Ein afrikanisches Sprichwort, das in der Savanne ebenso gelten kann wie im Büro, besagt: „Wenn Du schnell sein willst, gehe allein. Wenn Du weit kommen willst, nimm jemand mit.“

> Mobbing ist ein Indikator für ein Führungsproblem – die Bosheit im Betrieb nimmt zu, wenn der Leistungsdruck steigt

Härtefälle bei Teambildungen sieht diese Kalenderweisheit nicht vor. Denn manchmal münden kleine Streitereien in menschenverachtendem Mobbing: Ein Außenseiter ist immer schnell gefunden, seine Ausgrenzung stärkt das Wir-Gefühl der anderen. Wird in einem Unternehmen gemobbt, dann ist das ein Indikator für ein eklatantes Führungsproblem. Ein Teamleiter, der für seine Mitarbeiter verantwortlich ist und nicht nur dafür, dass seine neue S-Klasse vor der frisch renovierten Potsdamer Villa parkt, wird dafür bezahlt, auf ein gutes Betriebsklima zu achten. Er darf nicht zulassen, dass unbeholfene Kollegen, die nicht über das Was-kostet-Berlin-mit-Beleuchtung-Bewusstsein verfügen, von anderen abgebügelt werden.

Werden auf Kosten schwacher Mitarbeiter üble Scherze gemacht, dann hat das der Vorgesetzte zu unterbinden – und zwar sofort und bei den leisesten Anzeichen. Er muss klar machen, dass er dieses Verhalten nicht duldet, und sich schützend vor diejenigen stellen, die blamiert und gedemütigt werden: So lernen die Dreisten ihre Lektion. In der Regel vertragen sie eine harsche Zurückweisung. Die Schwachen reagieren oft voller Dankbarkeit und mit großer Loyalität. Das ist der Idealfall.

**Mobben schadet allen**

Allerdings gelangen immer wieder Menschen in Führungspositionen, die von Mitarbeiterführung keine Ahnung haben und über eine beängstigend bescheidene emotionale Intelligenz verfügen. Dabei gibt nicht nur menschliche, sondern auch handfeste wirtschaftlich relevante Argumente, dieses Fehlverhalten zu unterbinden: Der durch Mobbing entstehende volkswirtschaftliche Schaden wird auf 25 Millionen Euro geschätzt. Mobbing-Opfer spiegeln die ganze Palette der psychosomatischen Erkrankungen und fallen im schlimmsten Fall lange aus.

„Wenn der Vorgesetzte den Mumm aufbringt, offen zu reden und Konflikte sofort zu klären, dann ist Mobbing nicht möglich", sagt Michael Ziegelmayer. Der Freiburger Diplompsychologe hält Mobbing für ein Problem, das auf Schwächen der Führung zurückgeht. Glücklich ist er über das Schlagwort „Mobbing" nicht. „Eigentlich ist dieses Phänomen zunächst ganz normales und sozial aggressives Verhalten mit allen möglichen Techniken der Ab- und Ausgrenzung." Und dieses Verhalten finde sich in jeder großen Gruppe. Oft mobben gerade diejenigen kräftig mit, deren Selbstbewusstsein instabil ist. Motto: Wenn auf dem X. herumgehackt wird, dann hackt keiner auf mir herum.

Die entscheidende Frage lautet, wie die jeweilige Führungskultur aussieht. „Die einzelnen Vorgesetzten entscheiden darüber, ob in ihrem Bereich gemobbt wird oder nicht. Darin liegt im Sinne von Prävention der richtige Ansatz." Chefs müssten schwelende Konflikte auf den Tisch bringen und ausgrenzendes Verhalten nicht dadurch befördern, dass sie Probleme totschweigen.

Ziegelmayer skizziert einen Fall: Drei Mitarbeiter sollen gemeinsam ein neues Produkt entwickeln. Sie finden sich aber immer nur einzeln im Chefbüro ein und berichten über die jeweils anderen Kollegen. Allein diese Tatsache sollte einen sensiblen Vorgesetzten stutzig machen. Der müsste fragen:

Was ist hier los? Sie haben einen gemeinsamen Auftrag, warum kommt jeder mit Details? Warum präsentieren sie nicht zu dritt einen Vorschlag? Den Anfängen zu wehren, das ist Chefsache. Ein klares Machtwort ist spätestens dann überfällig, wenn ein Mitarbeiter über den anderen in Abwesenheit schimpft: Der habe ihm etwas weggenommen, etwas falsch gemacht und überhaupt ... Das ist der Ansatz zum Mobbing. Dann muss der Vorgesetzte sofort ein anderes Modell liefern und den Beschuldigten hinzuholen. Es obliegt ihm, eine offene Kommunikation zwischen den Beteiligten herzustellen. Denn das Kernproblem des Mobbing lautet: Der, mit dem ich ein Problem habe, mit dem rede ich nicht darüber. Das mache ich nur verdeckt deutlich.

Einem souveränen Chef obliegt es auch zu beobachten, ob es Mitarbeiter gibt, mit denen niemand spricht, die immer isoliert sitzen, mit denen sich kein informeller Kontakt entwickelt. „Es geht nicht darum, Ratschläge zu erteilen, aber aufmerksam zu werden", fordert Michael Ziegelmayer.

**Zündelnde Unruhestifter**

Im Großen und Ganzen bestätigt Martin Jakubeit diese Thesen. Er ist Psychologe bei der Bereitschaftspolizei in Lahr und bekräftigt: „Natürlich kommt dem Chef eine Kanalisierungsfunktion zu. Aber die Kartoffel macht es in der Suppe nicht alleine." Jakubeit bemüht sich, einem Team, das kein Team ist, arbeitspädagogische Maßnahmen nahe zu bringen. „Das ist eine Möglichkeit, mit der ein Chef schwierige Mitarbeiter zur Vernunft bringen kann, also beispielsweise Unruhestifter, die immer zündeln müssen. Im Sinne einer Zielvereinbarung und später natürlich auch Zielkontrolle legt er die Arbeitskoordinaten fest und macht den Konflikt transparent. Wenn sich das Verhalten dann nicht ändert, kann er ein Disziplinarverfahren ankündigen."

Es gibt zwei Entwicklungen, die dieses aggressiv-ausgrenzende Verhalten befördern: Erstens Veränderungs- und Reorganisationsprozesse, die von der neu zugeordneten Abteilung bis zu einer internationalen Fusion zwischen zwei Unternehmen reichen. Das führt zwangsläufig zur Verunsicherung. Zweitens der zunehmende Leistungsdruck, der damit häufig einhergeht. Der Output muss gesteigert werden, die Anforderungen sind erhöht. Während der Arbeitsdruck steigt, sinkt die Stimmung im Betrieb.

**Der ideale Sündenbock**

In dieser angespannten Situation passiert es sehr schnell, dass ein Mitarbeiter negativ auffällt, weil er einen Auftrag verschludert hat oder eine Eigenschaft besitzt, die unangenehm wirkt. Ob das nun die schrille Krawatte oder das permanente Zuspätkommen ist oder einfach die Eigenheit, sich spontan frei zu nehmen, ohne dass die anderen dies nachvollziehen können. Auch ein Bücherfreund, der in einen Kollegenkreis enthusiastischer Sportler geraten ist, kann gruppendynamisch zum idealen Sündenbock werden: einfach nur, weil er nach Feierabend lieber daheim zum Krimi greift, als in der Gruppe in das Fitnesscenter oder die Kneipe zu ziehen. Entscheidend ist: Er oder sie passt nicht zum Freizeitverhalten der Gruppe.

Gerade neue Mitarbeiter, die diese firmeninternen Gepflogenheiten nicht kennen, sind schnell außen vor. Ihr Ruf wird systematisch zerstört, und sie werden auf alle erdenkliche Art gemobbt: Wichtige Informationen werden ihnen vorenthalten. Zu Besprechungen werden sie zu spät oder gar nicht eingeladen. Ihnen werden Aufgaben entzogen oder zu viele Aufträge aufgebürdet. Der berühmte Schwatz am Kopierer wird verweigert. Gespräche verstummen, sobald sie den Raum betreten. Die Palette der Schlechtigkeiten ist groß. Mit dem üblichen Büroklatsch oder vorübergehend mies gelaunten Kollegen hat das nichts zu tun. „Wohl aber mit massivem Psychoterror. Mobbing beginnt im Kleinen, verläuft prozesshaft und lässt den Betroffenen in den fortgeschrittenen Stadien kaum eine Chance, sich ohne fremde Hilfe aus diesem Teufelskreis zu befreien“, sagt der Polizeipsychologe Jakubeit.

> Lauter Ich-AGs und ausgefeilte Ellbogentechniken machen Teamarbeit schwer bis unmöglich

In Außenseiterrollen werden häufig Menschen gedrängt, die ohnehin Probleme mit ihrem Selbstbewusstsein und Selbstwertgefühl haben. Sie schlucken das erst mal hinunter und trauen sich nicht, das Verhalten der anderen anzusprechen. In ihrer Verzweiflung wechseln sie lieber die Firma, als sich an ihrem Arbeitsplatz zu wehren.

Was kann ein Gemobbter selbst gegen diese gezielte Feindseligkeit tun? Es gibt drei Wege. Zunächst muss im privaten Leben ein vertrauensvoller Ansprechpartner her, um die Isolation aufzubrechen. Der Partner ist da nur bedingt geeignet, weil automatisch Beziehungsmuster in ein Gespräch spielen. Besser ist ein guter Freund oder Bekannter, um sich klar zu werden: Was ist da eigentlich los? Zweitens soll der unmittelbare Vorgesetzte ins Vertrauen gezogen werden. Schließlich ist es dessen Aufgabe, das Fehlverhalten der anderen zu unterbinden. Leider gibt es auch die tragischen Fälle, bei denen die Vorgesetzten beim Mobbing mitmachen. Dieser Fall tritt zum Beispiel dann auf, wenn der Chef Personal abbauen muss und er den Gemobbten ohnehin nicht mag. Aus welchen Gründen auch immer. Dann hilft Weg drei: Rückendeckung vom Betriebsrat und der Personalvertretung einzuholen. Die sind zur Verschwiegenheit verpflichtet.

Mobbing-Tagebuch

Ulla Dick, die das Hamburger Mobbing-Telefon berät und ein Buch zum Thema geschrieben hat, ermutigt Betroffene, sich auf jeden Fall aktiv gegen das Schikanieren zu wehren. Sie empfiehlt zunächst ein Vier-Augen-Gespräch mit dem boshaften Kollegen, in dem der Leidende aber das Wort Mobbing vermeiden sollte. Denn sonst kommt es möglicherweise zu einer Diskussion um den Begriff, nicht aber zu einer Lösung. Die Trainerin, die auch als Mediatorin in Ministerien und Unternehmen arbeitet, empfiehlt, ein Mobbing-Tagebuch zu führen. So ist schriftlich festgehalten, was wann vorgefallen ist, möglicherweise mit klaren Beweisen. Bei der Vorbereitung auf ein klärendes Gespräch mit dem Chef oder Betriebsrat helfen solche Aufzeichnungen.

Mobbing-Strukturen scheinen keine Frage des Alters zu sein. Der Psychologe Martin Jakubeit, der auch Dozent an der Polizei-Fachhochschule Villingen/Schwennigen ist und selber einen Sohn hat, ist desillusioniert: „Das ist nicht zynisch gemeint. Aber wir bekommen die Kinder, die wir verdienen. Wir erziehen die Leute so, dass sie durchkommen, dass sie ihren Napf voll haben. Schon früh geht das Rennen um die Näpfe los. Wir gucken nur auf die fachlichen Kompetenzen und produzieren Ich-AGs, wo Ellbogentechnik gefragt ist.

Bereits Auszubildende schwärzen sich gegenseitig an. Teamarbeit steht da nicht hoch im Kurs."

Die Zahlen, die natürlich schwer zu erheben sind, ernüchtern vollends. Die einschlägige Literatur behauptet, dass 44 Prozent der Arbeitskollegen Täter sind und sich untereinander mobben. 37 Prozent der Führungskräfte mobben Mitarbeiter. 10 Prozent der Vorgesetzten und Mitarbeiter schließen eine unheilvolle Allianz und mobben Kollegen. Und immerhin 9 Prozent der Mitarbeiter mobben ihren Chef. Der Begriff, der seit den neunziger Jahren durch die Medien geistert, stammt übrigens vom englischen Verb „to mob", über jemanden herfallen. Ursprünglich wurde er von dem Wiener Mediziner und Zoologen Konrad Lorenz benutzt. Für aggressives Tierverhalten.

### Burn-out-Symptome werden häufig übersehen

Ein zweites großes Thema verkennen ebenfalls viele. Sie ignorieren ebenso hartnäckig beängstigende Burn-out-Symptome ihrer Kollegen. Sie registrieren nur, dass der X. ja immens fleißig ist und der Y. auch am Wochenende das Auftragskörbchen abarbeitet. Dass hier eine Zeitbombe tickt und die Kollegen längst an den Rand ihrer Kräfte gelangt sind, das sieht ein tumber Vorgesetzter indes nicht. Er hat aber dafür Sorge zu tragen, seine Mitarbeiter nicht zu überfordern. Er muss den Überblick darüber haben, wer regelmäßig zu viel arbeitet. Und dann überlegen, wie Arbeit umstrukturiert und auf die anderen im Team verteilt werden kann und ob eventuell vorübergehend ein externer Mitarbeiter angeheuert werden muss.

Kurzum: Er muss versuchen, Gerechtigkeit herzustellen. Ungerechte Arbeitsverteilung ist bei vielen Teams an der Tagesordnung. Denn auf der einen Seite gibt es die Trittbrettfahrer, die anfallende Routinearbeiten lieber von anderen erledigen lassen, die sich darüber natürlich empören. Auf der anderen Seite geht es den Besten, wie der Arbeitspsychologe Heinz Mandl von der Universität München sagt, häufig zu langsam. Die Folge: Sie reißen das Projekt an sich und zerstören den Teamgeist.

Wenn ein Teamleiter das Team nicht leitet, dann müssen die Mitarbeiter das Kompetenz-Wirrwarr selbst beenden

Was aber tun, wenn ein Teamleiter sein Team eben nicht leitet? Denn flache Hierarchien bieten große Konfliktherde, weil eben die Kompetenzen der einzelnen Mitarbeiter nicht klar abgesteckt sind. Kompetenz-Wirrwarr ist häufig Grund für Irritationen. Dann müssen sich die Beteiligten selbst helfen und eine sachbetonte nüchterne Aufstellung über die einzelnen Einsatzgebiete erarbeiten – in schriftlicher Form als Grundlage für ein Gespräch. Erst wenn das kein Ergebnis bringt, dann kann man sich an den nächst höheren Vorgesetzten wenden – und das auch ausdrücklich ankündigen. Ergebnis kann sein, dass auch der Chef vom Chef erkennt, dass externe Hilfe geholt werden sollte. Zum Beispiel in Fusionsphasen. Der Karriereberater Laurenz Andrzejewski wundert sich bei seinen Auftraggebern über mangelndes handwerkliches Rüstzeug wie Führungstechniken, Konfliktmanagement und Teamleitung: „Da gibt es Chefs, die dümpeln mit 17 Mitarbeitern mehr schlecht als recht vor sich hin. Dann gibt es eine Fusion mit einer französischen Firma, und es stoßen 20 neue Kollegen dazu. Plötzlich sind sie ein Global Player. Spätestens dann reicht das improvisierte Arbeiten nicht mehr.“

Allheilmittel Coaching

Und spätestens jetzt fällt das Schlagwort vom Coach, über das seit langem nicht nur die einschlägigen Karriereratgeber, sondern längst auch die Herz-Schmerz-Frauenblätter schreiben. Motto: Das Allheilmittel Coaching bringt den supersmarten Lebensschub. Das Problem: Coaching ist keine geschützte Berufsbezeichnung. „Es ist ein weites Feld, auf dem sich viele schwarze Schafe tummeln“, sagt Christopher Rauen, der Mitbegründer des Deutschen Bundesverbands Coaching, ein Zusammenschluss von seriösen Karriereberatern, der sich um Qualitätsstandards müht. Ein guter Coach muss Erfahrung mit ähnlichen Fällen nachweisen können – einem blutjungen Assistenzarzt mag man ja auch keinen mikrochirurgischen Eingriff am Herzen anvertrauen. Außerdem gibt es ein weiteres Kriterium: Seriöse Berater bieten eine preiswerte, bisweilen sogar kostenlose, Probeberatung an. Bei gegenseitigem Gefallen wird dann ein Zeitplan erstellt – damit die Treffen nicht ins Uferlose zerdehnen. Diese kritische Bestandsaufnahme von außen ist ihr Geld dann wert und eine gute Investition in die Zukunft.

> Das Versichern der eigenen Kräfte macht Lust auf neue Erfolge und ist ein Vitalschub fürs Gemeinschaftsgefühl

„Begeisterung ist die Mutter alles Großen“, sagt der Schriftsteller Franz Grillparzer. Läuft die Teamarbeit gut, dann ist es an der Zeit, das auch äußerlich zu dokumentieren und einander und den anderen Kollegen vorzuführen, dass es sich lohnt, gemeinsam zu kämpfen. Erfolge sollten benannt und mit einem kleinen Umtrunk gefeiert werden. Zeit fürs Innehalten und um sich gegenseitig auf die Schulter zu klopfen, muss sein. Sportler machen das vor, ihre Give-me-a-Five-Vorher- und Nachherrunden stärken den Teamgeist. Das Versichern der eigenen Stärke strukturiert die Arbeit, macht Lust auf neue Erfolge und ist ein Vitalschub für das Gemeinschaftsgefühl.

Ob das ein sorgfältig ausgesuchtes Geschenk für jeden Kollegen ist – selbstredend das gleiche Präsent –, versehen mit einem Dankesbrief mit offiziellem Firmenkopf, oder ein gemeinsames Essen, das auch nur aus einer netten Karton-Pizzarunde bestehen kann, wichtig ist, den Stolz über die gemeinsam erbrachte Leistung auch äußerlich durch ein Ritual zu bekunden. Selbstverständlich ist es Chefsache, die Pasta oder Pizza, den Champagner oder Sekt zu bezahlen. Geizkragen und Pfennigfuchsern sei gesagt: Großzügigkeit zahlt sich in jeder Hinsicht aus, ob finanziell oder emotional. Wer ständig alle Menschlichkeit unter Verschluss hält, der bekommt das gespiegelt und muss sich nicht wundern, wenn Gleiches mit Gleichem vergolten wird. Aber auch das ist eine Langzeiterfahrung.

**Thesen zum Thema Team**

Teamarbeit ist das Zauberwort zur Projektarbeit. Darauf setzen immer mehr Unternehmen, um Aufträge zu bewältigen. Hierfür werden kurzfristig Teams zusammengestellt. Häufig prallen widersprüchliche Temperamente und Arbeitstechniken aufeinander, die ein Teamleiter vereinen muss.

- Gute Teamleiter bemühen sich um eine Atmosphäre gegenseitiger Wertschätzung.
- Dem verkopften Ingenieur muss klar werden, dass seine brillante Konstruktion zum Ladenhüter wird, wenn die emotionale Designerin sie nicht bewirbt.
- Rückzüge ins stille Konstruktionskämmerlein sind möglich, aber nur vorübergehend.
- Das berühmte Brainstorming erledigt am besten jeder erst allein.
- Sympathie lässt sich nicht durch Wochenendfreizeiten erzwingen, die alles andere als vergnüglich sind.
- Arbeitsaufgaben müssen gerecht verteilt werden, es geht nicht, dass die Faulen sich allem entziehen und die Besten alles an sich reißen.
- Flache Hierarchien bereiten den Boden für Kompetenz-Wirrwarr; das muss geklärt werden.
- Die Schwachen im Team müssen geschützt werden. Mobbing ist immer ein Führungsproblem.
- Erfolge sollen gemeinsam gefeiert werden, ganz so, wie es Sportler vormachen. Das stärkt den Teamgedanken und ist mit kleinen Ritualen zu erreichen.

# IV

## Querulanten – nichts leichter als das

*Schade, dass die meisten sofort aufhören zu rudern,*
*wenn sie ans Ruder gekommen sind.*
Alfred Polgar

Arbeitskollegen sind in der Regel nicht freiwillig zusammengekommen. Mit ihnen wird man zwangsbeglückt. Sie verbindet eine gemeinsame Aufgabe, nicht unbedingt aber Sympathie. Kommt die noch hinzu, umso schöner: Schließlich verbringen wir im Wachzustand viel mehr Zeit mit Kollegen als mit den selbst gewählten Freunden und der Familie. Und natürlich gibt es Menschen, bei denen die Chemie nicht stimmt. Im privaten Leben würden sie einen weiten Bogen umeinander schlagen, beruflich sind sie dazu verdonnert, mindestens acht Stunden ein Büro oder zumindest regelmäßig einen Konferenzraum miteinander zu teilen. Oder sogar dienstlich miteinander zu verreisen. Schlechte Vorgesetzte verschwenden keinen Gedanken über diese Ausgangssituation und ignorieren die Tatsache, dass gute Kommunikation untereinander ein Hauptaspekt des Erfolgs darstellt.

Der Mainzer Arbeitsrechtsanwalt Ulrich Brötzmann hat mit solchen Führungskräften, die zwar fachlich sehr gut sind, aber keine Führungskompetenzen haben, immer öfter zu tun. Genauer mit Unternehmen, die sich von diesen Managern trennen möchten, weil sie weder Teams leiten noch mit schwierigen Kollegen umgehen können. Da bestehe ein großes Defizit, sagt der Jurist. Diese Inkompetenz aber nachzuweisen, also die fehlenden Soft Skills auszuzeigen, das ist gelinde gesagt eine arbeitsrechtliche Herausforderung.

**30 Prozent blockieren**

Die Ausgangslage ist nicht angenehm. Studien behaupten, in einem Unternehmen gebe es im Schnitt 10 Prozent Leistungsträger, die quasi den Laden schmeißen. Hinzu kommen 60 Prozent Mitläufer, die nichts bewegen, aber auch keinen großen Schaden anrichten. Das aber tun 30 Prozent, die so genannten Blockierer, die damit beschäftigt sind, den anderen Steine in den Weg zu legen. Intern sehen Führungskräfte ihre Mitarbeiter noch illusionsloser: Für die meisten Chefs gibt es nur Typ X oder Typ Y: X ist per se faul, Y ist intrinsisch motiviert und tut etwas. Die Schwarz-weiß-Theorie ist nicht wirklich eine schöne Ausgangslage.

Intrigen spinnen

Kriegsschauplätze können unspektakulär aussehen: Zwischen Aufzugtür und Sitzecke werden Intrigen gesponnen, zwischen Konferenztisch und Kaffeemaschine toben Auseinandersetzungen. Biegt Kollege B. um die Ecke, dann schwillt Kollege M. der Kamm. Denn B. weiß nicht nur alles, er weiß auch alles besser und tut dies auch gern kund: M.s Diskussionsbeitrag sei läppisch, seine Vorlagen wertlos, sein Projekt misslungen. Kollege B. zündet also den ganzen Tag die Hütte an, die anderen dürfen mit dem Feuerlöscher hinter ihm hereilen.

Kollege B. ist ein blutdrucksteigerndes Mittel auf zwei Beinen. Ein klassischer Besserwisser und unter den schwierigen Zeitgenossen, die Managementtrainer Stefan Czypionka identifiziert hat, wohl einer der nervigsten Typen. Wie man sich gegenüber diesen Störenfrieden und ihren nadelstichartigen Verletzungen energiesparend zur Wehr setzt, das versucht der Kommunikationspsychologe in ganztägigen Seminaren zu vermitteln.

Schließlich ist ein gutes Betriebsklima Gold wert. „70 Prozent aller Konflikte in Firmen haben mit den Inhalten nichts zu tun. Die Cleveren kämpfen nicht um Inhalte, die machen Beziehungsmanagement", erklärt Stefan Czypionka, wohl wissend, dass dies seiner Branche rosige Aussichten beschert. Dafür sorgt beispielsweise schon die schlechte Nachbarschaft: Jährlich schwelen in Deutschland etwa 600.000 juristische Auseinandersetzungen zwischen Nachbarn, nicht eingerechnet die üblichen Knallerbsenstreitereien, die sich in privaten Fehden entladen und dem Privatfernsehen hohe Einschaltquoten liefern.

Alles potenzielle Kundschaft für den Kommunikationstrainer, der überzeugt ist: „Erfolgreiches Verhalten ist überwiegend effektive Kommunikation. Sie denken, sie sprechen beide Deutsch, aber Wörter, die für den einen harmlos sind, lösen beim anderen vielleicht eine Katastrophe aus. Gehen Sie mal in gewisse Firmen und erwähnen Change Management. Die bloße Erwähnung löst bei manchen Panik aus."

Schwierige Typen erkennen lernen, das Werkzeug-Repertoire erweitern und im beleidigenden Bedarfsfall anwenden

Über partnerschaftliche Gesprächskultur wird viel Unfug geschrieben, aber die Praxis ernüchtert. Deshalb ist es sinnvoll, sich einige Gesprächstechniken vor Augen zu führen und sie beim beleidigenden Bedarfsfall auch anwenden zu können. Naive Erwartungen dämpft Czypionka jedoch: „Sie können schwierige Typen nicht verändern, sie aber schnell erkennen lernen und ihr Werkzeug-Repertoire erweitern. Es geht nicht um den Einsatz von Ellbogen, sondern um einen gesunden ausbalancierten Egoismus, also schlagfertig zu sein, ohne andere zu verletzten."

Kerzengrade baut sich der Kursleiter in seinem dunklen Anzug vor einem bärtigen Jeans-und-Pulli-Teilnehmer auf und fragt forsch: „Haben Sie studiert?" Verlegenes Kopfschütteln auf der einen, triumphales Grinsen auf der anderen Seite. Selbst wenn der vermeintliche Provinzler genickt hätte, hätte der besserwisserische Kosmopolit nicht von ihm abgelassen. Czypionka spinnt den Dialog weiter: „Wenn ja, wo haben Sie studiert? Ach, interessant, an der Fachhochschule Wanne-Eickel? Soso, gibt es da überhaupt eine Uni?" Diesen Verbalattacken kann der Gedemütigte nur entrinnen, wenn er die Initiative ergreift. Stefan Czypionka nennt das „das Drehbuch ändern und eigene Spielregeln setzen". Nur so hebeln gutmütige Geister mit freundlichem Konfirmandengesicht die unerträglich dominante Art der Alphatierchen („Ich surfe im Internet, du liest nur die Bäckerblume") entschieden aus.

Statt die Schlacht zu eröffnen und es dem Besserwisser mit gleicher Münze heimzuzahlen, rät der Streitexperte, in ruhiger Rede den Gegenstand der Auseinandersetzung zu paraphrasieren. Das kann sich zum Beispiel so anhören: „Wenn ich Sie recht verstanden habe, wird die Maßnahme, die ich vorgeschlagen habe, in Ihrer Wahrnehmung den Außendienst demotivieren …"

**Nerven schonen**

Wer sich dieses nervenschonende Modell aneignet und dem Kollegen Gleichwertigkeit zugesteht – du bist o.k., ich bin o.k. –, dem falle es leichter, angemessen direkt und bestimmt zu reagieren. Eine Strategie, die nicht nur den Besserwisser entmachten könne, denn dessen Arroganz sei oft ein Indikator für große Unsicherheit, gleich so, als müssten sich die Rechthaber ständig beweisen, dass sie kompetent sind.

Brückensätze entmachten Killerphrasen und zwingen den Angreifer in eine Rechtfertigungssituation

Herr A. ein richtiges Ekel, bebend vor Aggressivität. Kaum dreht man sich um, sirrt das Messer durch die Luft. Wie kommt man dem bei? Solche Menschen schwingen gerne die rhetorische Kampfkeule und blocken mit einem Totschlagargument nach dem anderen Ideen der Kollegen ab. Ständig zielen ihre Einwände darauf, die Diskussion im Keim zu ersticken. Ihre Killerphrasen sind ebenso gemein wie austauschbar. Eitel proklamieren sie: „Ich kenne den Markt seit 22 Jahren! Wie wollen gerade Sie das beurteilen?“ Hier hilft Gelassenheit, sich nicht provozieren zu lassen und auf die Sachebene zu wechseln mit Hilfe der berühmten Brückensätze, die als psychologische Puffer fungieren: „Sie haben offenbar Bedenken, was die Umsetzung des Vorschlags angeht.“ Pauschale Vorwürfe lassen sich durch eine Standard-Rückfrage entkräften: „Worauf stützen Sie Ihre Vermutungen?“ Je konkreter der Angegriffene zurückfragt, desto komfortabler wird seine Position.

Der Angreifer soll bitteschön seine Beweismittel benennen und hat die Bringschuld stichhaltiger Argumente: Welche Kriterien, Herr Müller, sind für Ihre Entscheidung wichtig? Sind das kundenorientierte, technologische oder finanzielle?

Die gängigen Vorurteile gleich selber nennen und dem notorischen Besserwisser ein Lob spenden

Natürlich vergreifen sich diese Unbeherrschten oft und gerne im Ton. Das muss der Angegriffene zum Thema machen und reagieren: „Sie betonen, dass ich ein Versager bin. Könnten Sie diese Beleidigung versachlichen und an einem stichhaltigen Beispiel mit Daten und Fakten verdeutlichen?“ Der Managementtrainer Albert Thiele hat in seinem Buch „Argumentieren unter Stress“ ein Repertoire von möglichen Repliken versammelt und die klassischen Unrechtsfälle skizziert.

Eine Strategie: ein Lob dem notorischen Besserwisser. Gemeint ist keine unaufrichtige Schmeichelei, bei der sich der Laudator selbst verbiegen muss. Aber beispielsweise die lobende Erwähnung: „Frau Schmidt, Sie haben in der Sitzung etwas gesagt, davon profitiert meine Abteilung. Danke, darauf wäre ich nicht gekommen. Sie sind doch Experte auf dem Gebiet, erklären Sie mir doch einmal…" Arrogante Miesmacher und sture Kunden, die sich mit großen Etats auf der sicheren Seite wissen, die soll ich auch noch loben? Der Psychologe Stefan Czypionka hat damit kein Problem, es gehe ja ums Instrumentalisieren: „Warum nicht? Die sollen nicht gegen, sondern für mich arbeiten!"

Was er noch als stressmindernde Strategie vorschlägt: „Bereiten Sie sich gut vor. Wiederholen Sie seine eigenen Worte ausdrücklich, bezeugen Sie Respekt vor seiner Meinung, kleiden Sie Ihre Gegenargumente in Frageform und schlagen Sie Alternativen als andere, aber nie entgegengesetzte Ideen vor. So signalisieren Sie ihm: Du bist mir sogar so wichtig, dass ich deine Worte wiederhole." Wenn das nicht fruchtet, dann helfe es, „die Reißleine zu ziehen", etwa mit dem versöhnlichen Vorschlag: „Ich sehe, wir kommen an diesem Punkt nicht weiter. Lassen Sie uns morgen weiterreden."

**Gelassenheit macht attraktiv**

Sich nicht dem narzisstischen Gekränktsein hinzugeben und Verantwortung für sein Leben zu übernehmen, das könne durchaus auch einmal bedeuten, in einer Diskussion den Mund zu halten. „Wir müssen lernen, unser archaisches Abrechnungssystem zu überlisten und den Alltagsreflex auszuhebeln: du hast mich verletzt. Ich verletze dich." Souveränes Reagieren sei eine Frage der Übung und Taktik, die man einen Zeitraum von ein, zwei Monaten durchhalten solle: „Wir müssen gelassener werden, das macht attraktiv. Ein gesundes Selbstwertgefühl wächst an bewältigten Konflikten." Das hört sich gut an, ist aber eine Herausforderung in einer Welt, die von Schaumschlägern bevölkert wird. Erlebbar ist das unter anderem im ICE, wo bevorzugt in der ersten Klasse Schautelefonieren zelebriert wird und vor allem die Anzugträger sich dadurch disqualifizieren, dass sie über das Handy ihre Mitarbeiter herunterputzen. Motto: Früher war ich selbstkritisch, heute bin ich perfekt.

Eine besonders unerfreuliche Erscheinung unter den problematischen Charakteren ist der Selbstgerechte, der andere kalt kommandiert und keine Ideen zulässt, die mit seinen kollidieren. Zum Gegenangriff überzugehen hilft hier ebenso wenig wie die eigene, abweichende Meinung unverblümt mitzuteilen oder gar zum Duckmäuser zu werden – denn das ist gerade das, was er will. Besser ist es, an sein Ego zu appellieren: „Sie haben einige wesentliche Punkte angeführt, Herr Wicht, ich werde Ihnen noch zwei Möglichkeiten darlegen, über die ich gerne Ihre Meinung hören möchte." Hinter der Selbstgerechtigkeit stecken oft tiefe Verletzungen und totale Hilflosigkeit. „Die suchen manchmal bewusst die Hierarchie. Auch die Neurose hat ihren Platz hinter der Mahagoniburg, in der der Chef residiert", sagt Stefan Czypionka.

Nutzwert herausarbeiten

Der diplomatische Weg im Umgang mit solchen Querulanten: Man packt sie bei der eigenen Eitelkeit und arbeitet für sie den eigenen Nutzwert heraus: „Sie haben offenbar Einwände, was die Umsetzung des Konzeptes angeht. Was sind Ihre Hauptbedenken vor dem Hintergrund Ihrer großen Marktkenntnis? Ihre Abteilung könnte die Ausführung übernehmen und dadurch Anschlussaufträge erhalten." Dem Kritiker muss klar vor Augen geführt werden, was er selbst von dem Vorschlag hat. Das soll nicht dazu führen, zum Brown-Nosie (klingt ästhetischer als die deutsche Übersetzung) zu mutieren. Aber es verkürzt unerfreuliche Diskussionen, die ohnehin mit Volldampf in der Sackgasse enden.

Wenn man seinen pampigen Pappenheimer kennt und ahnt, dass er gleich wieder die üblichen Einwände ventiliert, dann ist es klug, diese nicht zu verschweigen, sondern zu nennen. Ausgebuffte Rhetoriker sprechen gelassen die größten Bedenken gegen ihren Plan an und tragen die Contra-Argumente höchst selbst vor – natürlich nur, um sie sofort darauf schwungvoll zu entkräften. Das macht die Gegner sprachlos und nimmt ihnen den Wind aus den Segeln. Und bei den meisten Zuhörern entsteht der Eindruck großer Souveränität, was auch kein schlechter Effekt ist.

Gegen fehlende Affektkontrolle der Launenhaften und ihrer oszillierende Tagesform hilft ein imaginärer Schutzwall

Übel sind die Launischen, bei denen die jeweilige, unruhig oszillierende Tagesform darüber entscheidet, ob Vorschläge wohlwollend diskutiert oder rüde abgeschmettert werden. Launenhaftigkeit ist ein Garant für Ungerechtigkeit – extrem unprofessionell und leider auf den Firmenfluren unausrottbar. Hier kapitulieren die meisten Berater und Mediatoren. Gut beraten ist derjenige, der an solchen Tagen, an denen der Chef oder Kollege „auf Krawall gebürstet" ist, möglichst keine relevanten Entscheidungen klärt. Natürlich geht das nicht immer. Ein Investmentbanker kann den Kunden nicht vertrösten, er muss rasch entscheiden, ob er sich in den Fonds einkauft oder nicht. Das Okay vom Chef duldet keinen Aufschub.

Dann hilft Plan B: Ruhig bleiben – denn wer schreit, hat zwar nicht immer Unrecht, wirkt aber so. Ganz auf die Sachebene gehen und sich sehr gut auf das Gespräch oder die Konferenz vorbereiten. Die Hausaufgaben müssen gemacht, zündende Argumente und Zahlen parat sein. So gerät der Übellaunige in die Defensive und unter unangenehmen Rechtfertigungsdruck. Das ist ihm lästig. Häufig winkt er das eben noch rüde abgeblockte Thema dann durch. Zwar mit heruntergezogenen Mundwinkeln, aber da stehen ergebnisorientierte Sieger drüber.

**Puffer Betonring**

Schlimm sind diejenigen, die über keine Affektkontrolle verfügen und sich sozusagen gehen lassen. Daheim fliegt schon mal ein Teller gegen die Wand, im Beruf gönnen sie sich ebenfalls den einen oder anderen Ausraster, schneiden anderen das Wort ab und sind beleidigend. Bei den ersten Attacken schützt ein imaginärer Schutzwall, die Vorstellung eines Betonrings oder einer Glaswand, die die Angegriffenen in Gedanken vor sich hochziehen. Das hört sich mächtig verstiegen an, aber es hilft. Allein schon, weil auf diese Weise gedanklich ein kleiner Puffer eingebaut ist, der verhindert, sofort unflätig zurückzukeifen und es mit gleicher primitiver Münze heimzuzahlen. Auch langsam bis zehn zählen hat einen ähnlichen Effekt. Und erst nach diesem kurzen Innehalten ruhig kontern.

Der Hamburger Psychologieprofessor Friedemann Schulz von Thun regt in seinen Kommunikationsmodellen an, auf das Selbstoffenbarungsohr zu hören und sich zu fragen: Was sagt derjenige, der so übel ausrastet, eigentlich über sich selbst aus? Hat er eine mittelschwere Persönlichkeitsstörung? Hat er eine unbearbeitete Selbstwertproblematik? Allein diese Fragen sind die halbe Antwort, um innerlich Abstand zu halten und dissoziiert zu sein, wie die Psychologen raten: Es ist halt die Arme-Würstchen-Nummer, die der Mensch da vorne abzieht. Und die soll über mein Wohlbefinden entscheiden, dem gebe ich soviel Macht über mich? – Nein. Nein. Und nochmals nein.

Lächelnder Abgang

Erntet diese äußere Besonnenheit wieder wüstes Geschrei, dann hilft nur eine selbstbewusste erzieherische Maßnahme, um wieder auf Augenhöhe zu gelangen, und die kurze Mitteilung: „Herr Meier, ich verstehe, dass sich bei Ihnen Ärger aufgestaut hat. Aber in diesem Ton lasse ich nicht mit mir reden. Wenn Sie sich nicht mäßigen, müssen wir das Gespräch vertagen." Verbindlich lächeln, aufstehen und den Raum verlassen. So ein souveräner Abgang erfordert Mut. Meist aber nur ein einziges Mal: Sie schaffen nämlich einen Präzedenzfall. Läuft alles filmreif, dann folgen andere Kollegen. Sie haben den ersten Schritt aus der Opferrolle zwar nicht gewagt, sind aber froh, dass sich endlich einmal jemand zur Wehr gesetzt hat, und folgen in der zweiten Protestreihe. Auf jeden Fall ist der Choleriker jetzt in einer unkomfortablen Verteidigungshaltung.

Ein Versuch lohnt sich auf jeden Fall. Das zeigen Vorbilder, die über ein hohes Maß an Zivilcourage verfügen. Jeder kennt Varianten der folgenden Szene: In der U-Bahn pöbelt ein Primitivling einen Schwarzafrikaner an und traktiert ihn mit rechtsradikalen Parolen, bald, so droht er wutschäumend, werden Fäuste fliegen. Die meisten gucken betreten weg, verschanzen sich hinter ihren Zeitungen und scheuen ein Eingreifen. Oft sind es die jungen Mütter oder die fragilen älteren Leute und leider nicht die gestandenen Mannsbilder, die sich einmischen und den Aggressor zurechtweisen. Erst dann, wenn die zarte alte Dame mit zittriger Stimme reagiert hat, fassen auch andere Fahrgäste Mut und treiben den Widerling in die Enge. Gemeinsam sind sie natürlich stark und überlegen. Sich aber einzumischen, kostet Selbstüberwindung. Zivilcourage ist eine anbetungswürdige Eigenschaft. Das Büro bietet hierfür ein abwechslungsreiches Übungsterrain.

### Äußere Dominanzgebärden und andere schmutzige Tricks brauchen eine klare Gegenstrategie

Ein gewisses Maß an Selbstpräsentation ist unentbehrlich, um vor den Dominanzgebärden und der Polemik anderer zu bestehen. Unfaire Gesprächspartner kochen oft auch äußerlich vor Wut. Sie drücken Autorität in ihrer Körpersprache aus und provozieren bei ihrem Gegenüber Unterlegenheitssignale. Einige dieser schmutzigen Tricks kennt jeder, und sei es von der S-Bahn-Fahrt: Aggressive Typen fixieren die anderen frech und okkupieren breitbeinig drei Plätze für sich allein. Primitives Revierverhalten wie aus dem Paviangehege. Wegschauen verbuchen sie auf ihrem Pluspunktkonto. Hier hilft es, dem dreisten Blick standzuhalten und zurückzustarren.

Überlegenheitsgesten, wie sie instinktgeleitete Tiere ausleben, können auch im distanzlosen Inspizieren des Büros bestehen. Da kommt der tolldreiste Kollege herein, stellt sich hinter den Schreibtischstuhl, liest den noch unausgegorenen Geschäftsbrief mit und blickt intensiv in aufgeschlagene Akten, mit Vorliebe auf die mit dem Vertraulich-Stempel. Anstatt sich ein Magengeschwür anzuärgern, muss der Inspizierte aufstehen und deutlich ansagen: Hier liegen vertrauliche Dokumente, ich möchte nicht, dass Sie hinter meinen Schreibtisch treten.

**Offensiv reagieren**

In die Schranken weisen lassen sich die Flegel der Firmenwelt nur durch ein Prinzip: agieren und nicht nur reagieren. Anstatt passiver Befehlsempfänger zu sein, ist es klüger, aktiv unangenehme Dinge anzusprechen und offensiv zu reagieren. Das fällt anfangs schwer, lässt sich aber im Rollenspiel üben: Dann soll der Bruder einmal den Part des tyrannischen Nörglers mimen. Da soll die Lebensgefährtin einmal in die Rolle der Kampfhenne mit unbegrenztem Zickenfaktor schlüpfen. Denn das Wissen um gute Entgegnungen muss generalerprobt werden. Vielleicht klappt der erste Praxistest noch nicht, aber der zweite gerät schon besser und der dritte ist respektabel.

Weniger aggressiv, aber ebenso belastend im Büroalltag sind die eitlen Selbstdarsteller. Es ist halt noch nicht alles von jedem gesagt, also wird wieder das Grundsatzreferat gehalten. Sie hören sich doch so gerne reden ... und wenn sie nur heiße Luft in Tüten besingen. Bitte freundlich, aber bestimmt dazwischen gehen. Ganz so wie ein versierter Interviewer die schwülstigen Worthülsen eines Politikers erdet, der permanent Fragen beantwortet, die nie gestellt worden sind. Solche rhetorischen Schaumschläger müssen zurückgepfiffen werden, bevor sie auf nichts sagende Nebenschauplätze ausweichen. Also beharrlich präzise nachfragen. Das ist Voraussetzung einer guten Moderation. Übernimmt der Vorgesetzte diese Rolle nicht, dann können die Konferenzteilnehmer selber moderieren, sich ein- und die Schwafeleien ausschalten. Manche Berufsschwätzer sind durchaus lernfähig, wenn sie danach gefragt werden: Das klingt interessant, was Sie da sagen. Was sind denn die beiden wichtigsten Punkte? Hier hilft nur höflich verpacktes Unterbrechen. Wiederholung ist die Mutter der Didaktik, anders aber lernen es die Plaudertaschen nie.

Notorische Nörgler sind echte Energiefresser und sollten weiträumig gemieden werden

Ein klassischer Störenfried ist der ewige Nörgler. Positiv Denken, das ist für ihn ein Fremdwort. Nein, das Glas ist in seinen Augen nicht halb voll, auch nicht halbleer, sondern er nölt: „Da ist ja fast nichts mehr drin." Solche notorischen Schwarzseher, die an jedem strahlenden Sonnentag über die dräuende Hitze schimpfen und an jedem frischen Herbsttag die ekelhafte Kälte beschwören, sind echte Energiefresser. Da kapituliert auf Dauer selbst die rheinische Frohnatur. Nach solchen Dämpfergesprächen sind auch die ausgeglichenen Gemüter ausgelaugt: Die Batterie der vormals Gutgelaunten flackert bedenklich, derweil der Nörgler seinen Stimmungs-Akku wieder aufgeladen hat. Was da hilft: Kühl kontern und möglichst aus dem Weg gehen. Manchmal sind Verdrängung und Vermeidungsverhalten eine sehr sinnvolle Strategie, um gut durchs Leben zu kommen. Denn die ewig Unzufriedenen sind in der Regel beratungsresistent: Für sie wird das Glas immer halb leer bleiben.

Solche Nörgler sind oft die Herrscher des Flurfunks. In jeder Firma gibt es denjenigen, der längst innerlich gekündigt und gelernt hat zu klagen, ohne zu leiden. Diese Leute sind hochinfektiös. Hier ist es ratsam, sich nicht in deren Meckerrunde aufnehmen zu lassen, die Unterhaltung abzubrechen mit dem Verweis auf mangelnde Zeit. Geben Sie ihm zu verstehen, dass Sie die sinnlosen Klagen gar nicht hören. Bestätigen Sie nur wichtige Aussagen. Bewährt hat sich auch die Methode, ihn zu bitten, sein Problem schriftlich zu formulieren. Das erledigt sich meist von allein. Und häufig hilft eine kompromisslose Ansage: „Herr Meier, ich stelle fest, Sie können sich der Sache nicht hundertprozentig anschließen. Ich werde jedoch mit meinem Projekt fortfahren. Wenn Sie möchten, lasse ich Ihren Namen weg." Der Hinweis kuriert die meisten in Windeseile.

Kompromisslose Ansagen

Von solchen Nörglern tummelt sich noch eine Sondervariante auf den Fluren. Nämlich die Hinterhältigen, die die anderen durch Sarkasmus und falsche Gerüchte angreifen, ob offen oder verdeckt, das spielt dann auch keine Rolle mehr. Stefan Czypionka lässt ihnen das nicht durchgehen: „Ertappen Sie so einen Menschen auf frischer Tat, dann lassen sie ihn nicht im Glauben, sein Angriff sei hingenommen. Geben Sie ihm zu erkennen, dass Sie seine Machenschaften durchschaut haben. Sagen Sie zum Beispiel: Verzeihung, Herr Müller, es haben zwar alle über Ihre Bemerkung gelacht, aber was meinen Sie wirklich?" Die Replik behagt Herrn Müller gar nicht. Und da die Hinterhältigen von sich auf andere schließen und in ihren Mitmenschen ebenfalls ein böses Potenzial vermuten, werden sie sich ihren Auftritt beim nächsten Mal überlegen.

Und die Zugeknöpften, die nur in Gutturallauten reden und die verschlossene Austern-Nummer bevorzugen? Deren Schweigen darf man nicht billigen. Deshalb offene Fragen stellen, die nicht flüchtig mit Ja oder Nein zu beantworten sind, und durch den Gesichtsausdruck bedeuten, dass man auf eine Antwort wartet. Offensiv muss man auch dem beschwichtigenden Zauderer gegenübertreten, um ihn zu Entscheidungen zu bringen. Denn anzunehmen, dass Zustimmung bei ihm wirklich Zustimmung bedeutet, ist gefährlich. Selbst wenn sie alle Diskussionsrunden nur als stille Teilnehmer mitverfolgen, können sie Ungutes ausbrüten. Man weiß es nicht oder erst hinter-

Schweigen nicht billigen

her, wenn ein Projekt torpediert wird. Allein schon deswegen muss eine Stellungnahme mit sanftem Druck erzwungen werden. Nur neutral sein, das können Kollegen nicht durchgehen lassen.

> Schüchterne Naturen im Kollegenkreis können sich als sympathischer Sonderfall erweisen

Ein eher sympathischer Sonderfall sind die schüchternen Naturen im Kollegium, die sich aber mit kleinen Fragen aus dem Schneckenhaus locken lassen. Sie fassen Mut, wenn sie über ein Gebiet referieren dürfen, auf dem sie sich gut auskennen. Auch eine Anwärm-Frage nach dem Hobby, das sie begeistert, hilft weiter. Sie werden auch danach nicht Rilke rückwärts zitieren können, müssen sie auch nicht. Aber etwas mehr Lebendigkeit tut jeder Konferenz gut. Warum es sich lohnt, sich um die Stillen im Büro zu bemühen? Weil diese Wasser tief sein können und sonst Potenzial verschleudert wird.

Um untereinander Konsens herzustellen, hilft auch ein Trick aus der erfolgreichen Bewerbungspraxis und übrigens auch beim Flirten (das ist ja auch eine Bewerbungssituation). Wer auf sein Gegenüber sympathisch wirken will, der sollte dessen Körperhaltung und Sprechtempo spiegeln. Also beobachten, wie der andere steht oder sitzt, und dann dessen Haltung diskret imitieren. Spricht jemand schnell, dann auch das Sprechtempo erhöhen, braucht jemand länger, um seine Gedanken zu formulieren, dann auf keinen Fall niederschwatzen. Dass, was man selbst verkörpert, das schätzt man unbewusst auch beim Gesprächspartner. Der Mechanismus steuert vor allem Führungskräfte, die in der Regel ja ein sehr gutes Selbstbild besitzen.

Und wie war das mit den Gegensätzen, die sich anziehen? Nach der heißen Phase gewittert es in solchen Beziehungen oft gewaltig. Gleichklang unter Partnern, auch unter Geschäftspartnern, ist beständiger. Das meint der Satz von der „gleichen Wellenlänge“, die Menschen miteinander verbindet.

> Faulpelze waren nicht immer faul, sie brauchen klare Strukturen und mehr kontrollierbare Verantwortung

Schließlich gibt es noch die Faulpelze, diejenigen, die stets unaufschiebbare Termine vorschützen, wenn es an lästige Routinearbeiten geht, und sich unangenehmen Dingen am liebsten entziehen. Die aber fix sind und als erste alle Brückentage gesichtet und gleich Urlaub eingereicht haben, noch bevor die anderen den Kalender überhaupt zu Gesicht bekamen. Im Hinblick auf ihre Selbstoptimierung entwickeln diese bequemen Zeitgenossen oft eine unglaubliche Dynamik. Um sie in ihrer Lahmheit zu überführen, ist es ratsam, die Sonderaktionen zu notieren – zur Beweisaufnahme im Notfall. Dann ist ein offenes Wort angebracht, je früher, desto weniger peinlich ist das Gespräch.

Bummelanten ausbremsen

Ziel müssen gerechtere Strukturen sein. Sorgfältige Buchführung bremst die Bummelanten aus: Von nun an werden Routinearbeiten auf alle gleichmäßig verteilt. Auch für den Fall X ist gesorgt: Denn wer – was für ein Zufall – ausgerechnet in seiner Routinewoche erkrankt, der muss den unangenehmen Dienst nachholen. Aufgeschoben ist nicht aufgehoben. Die Urlaubstage werden so verteilt, dass jeder einmal in den Genuss der Brückentage gelangt. Leider ist bei Drückebergern Vertrauen gut, Kontrolle aber besser – sie sind die Ausnahme, die die goldene Führungsregel von gegenseitigem Vertrauen bestätigt. Ein souveräner Chef muss hier unbedingt einschreiten, denn Ungerechtigkeit ist etwas, was die wenigsten Menschen ertragen können. Und je höhere Ansprüche sie an ein erfülltes Berufsleben haben, desto niedriger ist ihre Toleranzschwelle. Die anderen Kollegen müssen sich hüten, kompensatorisch zu reagieren und die Arbeit nach und nach mit zu übernehmen. Tüchtigkeit darf sich nicht rächen.

Verantwortung für Faule

Es gibt jedoch noch eine weitere Strategie, die auszuprobieren auf jeden Fall lohnt. Mitunter sind die Faulen gar nicht faul, sondern einfach nur schrecklich frustriert. Ihr anfänglicher Elan ist ihnen irgendwann im dunkelgrauen Büroalltag abhanden gekommen, irgendwo versackt zwischen abgeschmetterten Anträgen und schlecht verlaufenden Projekten. Sie sind längst in der inneren Kündigung angekommen. Ein Motivationsschub muss her. Probehalber sollte man den Angeödeten eine neue Aufgabe zutrauen. Natürlich muss klug abgewägt werden, welche da in Frage kommt, um einen möglichen Schaden durch lahmes Verbaseln zu begrenzen. Aber es gibt eine gewisse Chance, dass diese Menschen neuen Mut schöpfen und Ehrgeiz entwickeln, sich auf dem neuen Gebiet zu profilieren. Sie erhalten die Gelegenheit, verdeckte Talente wiederzubeleben und ihren alten Schwung zu reaktivieren. Denn irgendwann müssen sie den ja gehabt haben, um ihre Stelle zu bekommen. Ein Versuch ist das wert, auf jeden frustrierten Fall.

**Segensreiches Verdrängen**

Einig sind sich alle Berater, dass es die ganz schlimmen Fälle gibt, die sich jedem Gespräch, jeder Strategie entziehen und die man notfalls mit Hilfe eines Anwalts isolieren muss. Ein langjähriger verdienstvoller Mitarbeiter, über den die Zeit hinweggegangen ist und der sich jetzt noch wenige Wochen bis zur Rente durchmogelt, dem gegenüber lohnt die große Empörung nicht mehr. Für solche aussichtslosen Fälle empfehlen die Trainer den zen-buddhistischen Weg, um keine Energie in schwarze Löcher zu investieren. Dann ist das Leben wieder ein langer ruhiger Fluss, in dem der Unrat des anderen langsam vorbeischwimmt, weit, weit weg. „Verdrängen und unterdrücken Sie manches, auch das ist Teil des Gehalts", sagt Stefan Czypionka. Das beherzigen schon kluge Großmütter, die im Traum nicht daran denken, anderen Macht über ihr Lebensgefühl einzuräumen: Du hast recht, und ich habe meine Ruhe. Ich denke nicht daran, mich zu ärgern und für die Sünden der anderen zu büßen.

**Thesen zum Thema der Querulanten**

Kollegenkreise sind nicht frei gewählt. Mit manchen Zeitgenossen wird man zwangsbeglückt und muss sich arrangieren. Dafür braucht es eine kühle Strategie. Denn 70 Prozent aller Konflikte in Firmen haben mit den Inhalten nichts zu tun.

- Sich nicht von Aggressoren, die weder über eine Kinderstube noch Affektkontrolle verfügen, in die Opferrolle drängen lassen.
- Totschlagargumente, die Vorschläge pauschal abschmettern, nicht durchgehen lassen und durch gezielte Rückfragen entkräften; dann hat der Angreifer die Bringschuld.
- Den Nutzwert, den der andere von Vorschlägen hat, herausarbeiten. Das ist Strategie und kein Anbiedern.
- Äußerlich die Ruhe bewahren, auch wenn man innerlich kocht: Wer schreit, hat nicht immer Unrecht, wirkt aber so.
- Wenn ein Vorgesetzter die Kontrolle über seine Wut verliert, dann hilft nur aufstehen und den Raum verlassen. Zivilcourage lässt sich im Büro gut trainieren.
- Abstand halten von den ewigen Nörglern, ihr Pessimismus zieht nur herunter.
- Faulpelze kontrollieren und ihnen probehalber mehr Verantwortung übertragen – ihr Einsatzwille ist auf der Strecke geblieben und muss reaktiviert werden.
- Manchmal ist Verdrängung eine nervenschonende Strategie.

# V

## Die Selbstvermarktung: Reden ist Gold

*Gedanken sind nicht stets parat*
*man schreibt auch, wenn man keine hat.*
Wilhelm Busch

Wer eine Leitungsfunktion anstrebt, muss rhetorisch versiert sein und souverän vor Gruppen sprechen können: Er muss vom Geburtstag der beliebten Sekretärin bis zur Präsentation vor dem aufmüpfigen Vorstand die richtigen Worte finden und den richtigen Ton treffen. Das ist für viele ein Problem. Oft geht es nicht um Inhalte und Informationen, die vermittelt werden, sondern darum, welche Gefühle diese Inhalte auslösen und wie souverän sie transportiert werden.

Wer vor anderen sein eigenes, oft oberflächlich zusammengelesenes Bildungsgut ausbreitet, wirkt unangenehm. Es lahmt der Geist, es wankt der Sinn, es faselt die Zunge. Der gespreizte Kaiser-Wilhelm-Gedächtnis-Stil und das, was noch schnell aus dem „Großen Zitatenschatz" gehoben wird, dieses Papierdeutsch ödet täglich ganze Belegschaften an. „Jung und alt von nah und fern, die das Tanzbein schwangen und sich am reichhaltigen Büfett labten" – solche Sätze nerven nicht nur den Schützenverein. Ihnen zuzuhören, ist ungefähr so spannend, wie Farbe beim Trocknen zuzusehen. Nun doch ein Zitat, eines von Kurt Tucholsky, das leider viele schlechte Redner treu verinnerlicht haben: „Wenn einer spricht, müssen die anderen zuhören – das ist deine Gelegenheit! Missbrauche sie." Gegen diesen Missbrauch hilft das kleine ABC der Rhetorik. Es ist schlicht, wird aber permanent ignoriert.

Rhetorisch versiert: Einer muss sich anstrengen, entweder der Zuhörer oder der Redner

Gute Redner und Schreiber beherzigen folgende Regeln: Sie sprechen in der Gegenwart und möglichst frei, einige Stichwörter auf festen Karteikarten müssen reichen. Sie meiden Konjunktiv, Passiv, Schachtelsätze, also Relativsätze, gehäufte Substantive, klischeehafte Formulierungen und werfen keinesfalls die Phrasendreschmaschine an. Sie gehen sparsam mit Fachsprache um, sie flechten viele Bilder und Beispiele in ihren Vortrag.

**Barbarischer Sprachmix**

Noch ein kritisches Wort zu Anglizismen. Gegen die konventionalisierten ist nichts einzuwenden. Airbrush, das ist kein Luftpinsler, und Inline-Skates, das sind keine einschienigen Rollschuhe. In international operierenden Unternehmen dienen englische Ausdrücke eben der Verständigung. Das Stichwort „Work-Life-Balance" im achten Kapitel ist beispielsweise auch nur mit krampfigen Ersatzvokabeln unzureichend zu übersetzen. Aber der barbarisierte Sprachmix, „Ich habe gedownloaded" oder „Wir voten dann beim Meeting in Butzbach", das fällt in die Abteilung „Affig". Ein Wirtschaftskollege ärgert sich über das Beraterdeutsch, in dem ein Börsengang selbstverständlich „Initial Public Offering", IPO, genannt wird und daraus dann ein lässiges „wir ipioen" wird. Was soll uns die Wortschöpfung sagen? Den hemmungslosen Einsatz des Denglischen sollte man nicht für geschmeidige Internationalität halten.

Der Alltag sieht leider anders aus als die Idealvorstellung der Sprachwächter und ist durchsetzt von solchen Sätzen: „Die neue Innovation, bei der davon auszugehen ist, dass sie die künftigen Umsatzerwartungen erheblich steigern wird und deshalb begrüßenswert ist im Rahmen des Gesamtkonzeptes, das wir vorgelegt haben, wird im nächsten Geschäftsjahr von einem neu zusammenzustellenden Team auf den Weg gebracht werden, mit dem wir uns dem Wettbewerb stellen." Wie bitte? Neue Innovation? Gibt es denn auch nicht neue Innovationen? Künftige Erwartungen? Das ist der weiße Schimmel, der da durch die verschwurbelte Rede trabt. Und wer bringt denn jetzt was auf den Weg? Welche Idee ist hier eigentlich gemeint? Nichts Genaues weiß der Zuhörer nicht und dämmert weg.

> Guter Stil ist das Ergebnis des Rotstifts, einer muss sich anstrengen, entweder der Redner oder der Zuhörer

Also unbedingt den Mut zur Schlichtheit haben und, so sagt Mark Twain, „die falschen Wörter weglassen". Redner, bei denen die Reihen sanft hinwegschlummern, haben das Redekonzept anderen nicht zum Redigieren vorgelegt. Sie sind definitiv zu eitel, um sich kritisieren und verbessern zu lassen. Diese Haltung ist unklug, denn guter Stil ist nun mal das Ergebnis des Rotstifts – das ist Grundlage jedes Ghostwriting.

Einer muss sich anstrengen, sagt der stilbewusste Journalist Wolf Schneider: Entweder der Redner oder der Zuhörer. Wie schön, wenn es der Redner ist.

Keine Schachtelsätze

Wer keinen Gegenleser hat, der geht alleine in einen Raum und liest seinen Redeentwurf laut vor. Dann wird schnell klar, wann die Syntax unerträgliche Kapriolen schlägt und ein Schachtelsatz lieber in zwei, am besten drei verständliche Sätze gespalten werden sollte.

Hilfreich auch: Das Manuskript mit einem anderen Zeilenabstand in einer anderen Schriftart ausdrucken – ein anderes Layout weckt die Aufmerksamkeit erneut. Fehler werden weniger rasch überlesen.

Was viele Redner, gleich ob im Vortrag oder auch Bewerbungsgespräch, falsch machen: Sie scheitern an den einfachen Fragen und sind wenig fokussiert in der Aussage. Dann lassen sie sich von selbstverständlichen Fragen überraschen. Losschwafeln ist eben auch deshalb problematisch, weil es Einfallstore zu unangenehmen Nachfragen eröffnen kann: Wer nicht klar skizzieren kann, was seine Firma auszeichnet, der öffnet heiklen Fragen nach verschleierungswürdigen Bilanzen oder unternehmerischen Fehlentscheidungen Tür und Tor.

Immer konkret bleiben

Kernthesen ziehen sich durch sämtliche Stilschulen: Klar und präzise sein. Statt sich in Allgemeinheiten abgedroschener Nullaussagen zu flüchten, die Dinge klar benennen. Das war kein „grandioser Geschäftserfolg", sondern „wir haben 1.322 Kühlschränke mehr als im Vorjahr verkauft". Da draußen steht kein Baum vor dem Haus, da steht eine Rotbuche vor einer Jugendstilvilla. Hundert Tote sind Statistik, die tote Kioskfrau Erna Müller ist eine Tragödie. Dieses Prinzip des Personalisierens beherrscht der Boulevardjournalismus bis zur Perfektion und erzielt dadurch Auflage und Anschaulichkeit. Das lässt sich auch auf Jubilarsreden übertragen. Meist wird in solchen Gratulationsmarathons lieblos Lob verteilt. Besser ist die Überlegung: In welcher Situation habe ich den Jubilar bewundert? Was hat er einmal konkret getan, was mich beeindruckt hat? Wann war er ein Vorbild? Und diese Begebenheit dann erzählen – das aber trauen sich viele nicht. „„Franz, du bist loyal, kooperativ, auf dich kann man zählen!', diese Aufzählung von Attributen bringt nichts. Sie müssen auf die Bauchebene kommen, dann sind alle gerührt", sagt der Rhetoriktrainer Matthias Pöhm.

Fulminante Einstiege garantieren interessierte Zuhörer, doch nicht jedem Anfang liegt ein Zauber inne

Nicht jedem Anfang liegt ein Zauber inne. Sollte er aber. Fulminante Einstiege garantieren interessierte Zuhörer. Ernest Hemingway hat seine Romananfänge bis zu 36-mal geändert und damit Weltliteratur geschrieben. Das will ein Redner in der Regel nicht, aber er sollte auf die ersten Sätze große Mühe verwenden, so, wie ihm das die großen Sprachkünstler vormachen. „Diederich Heßling war ein weiches Kind, das am liebsten träumte, sich vor allem fürchtete und viel an den Ohren litt." Selbst jemand, dessen Abitur längst erdfaul ist, kann sich noch dunkel daran erinnern, dass dies der erste Satz von Heinrich Manns „Der Untertan" ist. Ein scharfer Kontrast, eine verstörende Beobachtung oder – das stets funktionierende Wundermittel – ein prägnantes Zitat garantieren einen guten Einstieg.

Überraschend und informativ

Dann folgt im Idealfall ein Mittelteil, der einen roten Faden spinnt und zwischen Fakten und szenischen Schilderungen oder Anekdoten wechselt. Eleganten Stil zeichnen fließende Übergänge aus. Wer nur einfach Absätze zwischen seine Gedanken haut, der macht es sich zu leicht. Unterhaltsam, überraschend und informativ sein, so lautet das Ziel.

Entscheidend für eine gute Struktur ist ein überzeugender Schluss, hier sollte ein interessantes Bild oder ein originelles Zitat stehen. Gute Entertainer heben sich ein Bonmot auf. Ein Meisterkoch, der regelmäßig gegen Kollegen in einer Fernsehshow ankocht, verrät seine hohe Siegerquote beim Menü-Wettbewerb: Er ist Meister des Desserts, selbst wenn er die Suppe fast versalzen hat, brilliert er am Ende mit seinem Schokosoßenspiegel an Rhabarberparfait und hinterlässt den besten Nachgeschmack. Das ist, um mit Fontane zu sprechen, „ein weites Feld", aber eines, das zu beackern sich lohnt.

Denn sich unkritisch Standards einer gelungenen Rede zu eigen zu machen, kann ausgesprochen schlecht wirken. Zum Beispiel die anstrengende Sache mit dem Humor, der angeblich jedem Vortrag gut tut. Tut er aber nicht. Ironie wird häufig missverstanden. Vorab muss geklärt werden: Wie verträgt denn das Thema und die Person bestimmte Facetten? Also beispielsweise die sachbetonte, introvertierte Juristin, die mit konkurrierenden Kommunen verhandelt, welche sich um ein Förderprojekt bemühen. Nicht eben ein lustiges Sujet. Diese Referentin wäre schlecht beraten, unbedingt einen Witz in ihre Rede einzubauen. Das wirkt aufgesetzt. Stattdessen könnte sie sich vornehmen, ihren Hang zu fremdwortlastigen Schachtelsätzen einzudämmen und zündende Beispiele in kurze Sätze zu packen. Wer sich zu antrainierter Fröhlichkeit zwingt, aber zum staubtrockenen Erbsenzähler geboren ist, der wirkt wie ein kurioses Abziehbild der Ratgeberliteratur. Außerdem: Grundsätzlich bleibt eine interessante Geschichte länger im Gedächtnis der Zuhörer als ein schnöder Witz. Was aber jedem Temperament gut tut: Das ist leichte Distanz zu sich selbst. Wer ein wenig eitel ist und kokett auf seine Dissertation hinweist, der sollte etwa einflechten: Darüber habe ich promoviert, das haben nur 25 Menschen auf der Welt gelesen.

**Fallstrick Ironie**

> Manchmal ist etwas humorvoll gemeint und wirkt dennoch nur böse und verletzend

Grundsätzlich ist die Sache mit dem Humor aber recht kompliziert. Wer worüber lacht oder nicht lacht, darüber entscheidet das Lebensgefühl, das Temperament, der Bildungsgrad. Was den einen zu Lachtränen amüsiert, das lockt beim anderen nicht einmal ein Lächeln hervor. Unter anderem ist die Glosse auch deshalb die schwierigste journalistische Textsorte. Manchmal ist etwas komisch gemeint und wirkt dennoch nur verletzend. Ein Online-Boulevardmedium hat drei Bilder ins Netz gestellt: Fürst Rainier von Monaco, den Papst, Harald Juhnke. Darunter prangte die rote Schlagzeile: „Fast tot. Schon tot. Tot.“ Sprachlicher Gag oder die totale Geschmacklosigkeit, das ist hier wohl keine Frage. Nach zwanzig Minuten war der journalistische Alptraum gelöscht. Redner treffen häufig auf eine äußerst heterogene Zielgruppe, darum ist bei Ironie Vorsicht geboten.

Trockenübungen

Rede über alles, aber nicht länger als zehn Minuten. Kurz zu schreiben oder sprechen, das ist eine Kunst und Herausforderung. „Weil ich keine Zeit habe, Dir einen langen Brief zu schreiben, schreibe ich Dir einen kurzen", schreibt Goethe an seine Geliebte und formuliert damit ein Kommunikationsgesetz der Gegenwart. Sich klug und dabei kurz zu fassen, das ist eine große Kunst. Literaturliebhaber üben sich darin und wetteifern, den Inhalt bekannter Bücher in maximal 25 Worten zusammenzudrängen. Das liest sich dann so: „Kleine Leute geraten in große Schwierigkeiten, während sie gestohlenen Schmuck loswerden wollen." Welches Buch ist hier gemeint? „Herr der Ringe" von Tolkien. Das ist Gehirnjogging und macht Spaß. Jedenfalls bereitet es mehr Freude, als die endlos langen Mails vieler so genannter Kommunikationsagenturen zu lesen, bei denen sich die Kernaussage im letzten Abschnitt des Textes versteckt.

Was Rednern auf jeden Fall anzuraten ist: Selbst wenn das Manuskript überschaubar ist, zieht sich ein mündlicher Vortrag oft in die Länge. Allein schon um die benötigte Zeit auszutesten, sollte eine Trockenübung ohne Publikum dem offiziellen Termin vorangehen. Die Zeit sollte man großzügig berechnen und einen Puffer für Zwischenfragen einbauen. Denn nichts wirkt so unsouverän wie eine aus Zeitgründen abgebrochene Ansprache.

> Perfektion ist langweilig und kleine Versprecher sind keine Katastrophe – ganz im Gegenteil

Gutes Reden ist nicht nur eine Sache des Handwerks, sondern auch der Übung, also der gut genutzten Gelegenheit. Das geht schon in der Schule los. Wer im „geschützten Rahmen" Klassenzimmer ein Referat hält, der knickt auch nicht vor dem arroganten Universitätsseminar mit seinen pseudowissenschaftlichen Zwischenrufen ein. Vor anderen frei reden zu können, das müssen die meisten auch später üben. 80 Prozent aller Menschen haben zunächst Bedenken und Herzklopfen, wenn sie vor einer größeren Gruppe reden müssen. Um möglicherweise Schüchternheit zu überwinden, ist es klug, sich zu zwingen, in einer Konferenz kurz das Wort zu ergreifen. Wer das intern vor mehr oder weniger wohlwollenden Kollegen meistert, der bewältigt das auch leichter extern bei einer Präsentation. Kleine Schritte trainieren für den großen verhaspelfreien Auftritt. Das gilt zum Beispiel auch für den spröden Kollegen, der seine Vorschläge mit verschränkten Armen und anderen Verschlussgesten wenig einnehmend präsentiert. Er sollte sich um eine vitale Ausstrahlung bemühen. Eine mögliche Übung: Im Freundeskreis öfter kleine Erlebnisse etwa über ein Hobby, das ihn begeistert, erzählen oder eine Anekdote schildern.

Tricks der Trainer

Außerdem gibt es die bewährten Tricks der Trainer und Theaterschauspieler. Angst vor großem Publikum? Wer hat die nicht? Angst schützt auch, weil es die innere Aufmerksamkeit und Konzentration schärft. Da helfen Entspannungsübungen und Selbstsuggestion vorab. Um gegen die Gefahr der Verlegenheits-„Ähs" anzugehen, gibt es folgenden Kniff: Sagen Sie draußen zwanzigmal ihr persönliches Unwort wie „Äh", drinnen werden Sie es nicht mehr erwähnen.

Haltung bewahren

Gut sitzende Kleidung mit Wohlfühleffekt hilft, die Eintrittsbarriere der gefälligen Optik zu nehmen. Obgleich Körpersprache nur sehr begrenzt lernbar ist, gibt es eingängige Grundregeln, sich zu entkrampfen: Abwehrend verschränkte Arme und allzu entspannte, undynamische „Fläze" halten das Kompetenzkonto überschaubar. Sich nur hinter dem Rednerpult zu verschanzen und daran womöglich noch festzukrampfen, das ist kein souveräner Anblick. Im Saal schauen Sie gezielt drei wohlmeinenden Zuhörern in die Augen, besser auf den Nasensteg, und lächeln ihnen zu. So strahlen Sie Sicherheit aus, selbst wenn Sie sich nicht sicher fühlen. Der äußere Ausdruck einer Emotion kann diese Emotion innerlich auslösen und verstärken. Wer es nicht glaubt: einfach ausprobieren. Die so albern anzusehenden Lachrunden, in denen sich gemeinsam vor Heiterkeit geschüttelt wird, basieren auch auf dieser Erkenntnis. Und wenn trotzdem Panik hochsteigt: Stellen Sie sich die größten Arroganzlinge rechts und links neben Ihnen auf dem Podium als Winzlinge auf dem Wickeltisch vor. Solche Einblendungen nehmen die Angst, können aber auch ein abwertendes Grinsen aufs Gesicht locken – und das ist natürlich nicht im Sinne der Trickerfinder.

Machen Sie sich vor allem eines klar: Perfektion ist langweilig und nicht unbedingt glaubwürdig. Allzu eloquenten Rednern raten Profis, einen Versprecher in ihren Hochglanzvortrag einzubauen – das wirkt sympathisch und einnehmend menschlich. Ist doch tröstlich. Zwischendurch kurz zu sagen, jetzt habe ich den Faden verloren, das überantwortet nicht der Lächerlichkeit, sondern erntet sofort den ein oder anderen Zuruf aus dem Publikum: Schon hören alle wieder mit geschärfter Aufmerksamkeit zu. Auch das steht dem Präsentieren als Infotainment gut.

Statt Folienrausch und augenpulvrigen Diagrammen lieber eine schiefe Handzeichnung

Noch eine Anmerkung zu allzu glatten Präsentationen. Pompös inszenierte Professionalität wirkt längst nicht immer professionell. Hat der Vortragende nur Powerpoint oder hat er auch etwas zu sagen? Nichts gegen ausgefeilte Vorträge und aufwendige Schaubilder, allerdings sind sie häufig trivial, und der Inhalt wird der vermeintlich schicken Form geopfert. Statt aber dem Publikum blitzgescheite, womöglich eng beschriebene, Augenpulver-Seiten oder einen komplizierten Kurvenrausch zuzumuten, ist es packender, Stichworte an die Wand zu werfen und den Rest mündlich zu erledigen: Menschen wollen Menschen sehen und reden hören und nicht von einer Folienflut begraben werden, die ohnehin nur das wiedergibt, was der Redner sagt. Ein Randproblem wird mitunter zur Hauptsache: Fremde Netzwerke, streikende Beamer (von wegen: Jeder Teamer hat 'nen Beamer), chaotische Benutzeroberflächen, leere Batterien des Laserzeigers – man mag gar nicht mehr zusehen, wie Techniktücken den Redner lähmen. Eine Generalprobe muss schon sein, mindestens eine.

Zahlen und Zeichnungen

Und dann gilt es, sich zu beschränken, also einige wenige Folien gezielt einsetzen und die Zuhörer mit einer kleinen Demonstration – und sei es nur, mit großer Geste ein Papier zu zerreißen – oder einer Handzeichnung beglücken: Ob das Kuchendiagramm oval ist oder eher rumeiert, das ist dem Publikum egal, aber dass da vorne jemand zum Stift greift und etwas skizziert, das ist unterhaltsam im besten Sinne. Wichtig bei Zahlen: Da müssen Vergleichszahlen her, um die trockene

Materie anschaulich zu machen. Wer, außer Kleinbauern und Großgrundbesitzern, weiß schon so richtig, wie groß fünf Hektar sind, das müssen Fußballfeldvergleiche anschaulich illustrieren. Schreibt man Zahlen der Konkurrenz auf und will seine eigenen ins gute Licht rücken, dann die ersten dramatisch durchstreichen. Tabellen sind schwierig und häufig zu komplex und verwirren dann. Sinnvoll ist es, die Zuhörer mit kurzen Fragen oder Übungen einzubinden und sie emotional zu beteiligen. Wer das Auditorium auffordert, Meinungen zu formulieren und Meinungen zu entwickeln, der bleibt in guter Erinnerung.

## Äußerliches Erscheinungsbild

So kriegsentscheidend wie rhetorische Versiertheit ist auch ein ansprechendes Erscheinungsbild. Denn unser Verhalten ist gnadenlos, und es kommt keineswegs nur auf die inneren Werte an: Nur wenige Sekunden, darauf hat sich die Wissenschaft verständigt, dauert es, bevor wir jemanden einschätzen und ihn aufgrund seines Aussehens und Auftretens in eine Schublade stecken. Ob das nun die viel zitierten sieben oder vierzig Sekunden sind, die für das Abscannen eines Unbekannten reichen, darauf kommt es dann auch nicht mehr an und ist wohl ohnehin kaum seriös zu eruieren. Fakt ist: Es geht um wenige Augenblicke.

Für den ersten Eindruck gebe es keine zweite Chance – damit werben unheilvoll-drohend Businesstrainer für ihre Dienste. Gar so hart ist das Verfahren nicht. Und ob nach wenigen Sekunden das Urteil über einen bis dato Fremden wirklich felsenfest zementiert ist, das ist von Berufsmilieu zu Berufsmilieu verschieden. Und es ist zudem eine Frage der Intelligenz.

Klar ist aber auch: Wer die Kleiderordnungen hartnäckig ignoriert, der macht sich das Berufsleben unnötig schwer. Verkaufe ich wirklich meine Seele, wenn die heiß geliebte, herrlich ausgebeulte Cordhose tagsüber gegen die Stoffhose getauscht wird? Das sind doch nur Äußerlichkeiten – nicht mehr, aber auch nicht weniger.

Die Wirkung des äußeren Auftretens sollte niemand leichtfertig unterschätzen. 95 Prozent aller erfolgreichen Berufstätigen tun das auch nicht, sie haben das immer schon gewusst oder es sich abgeguckt. Diese Leser können an dieser Stelle aufhören zu lesen und diesen Teil des Kapitels ignorieren – oder das Buch ihren Nachwuchskräften im Haus weiterreichen, um deren Problembewusstsein zu schärfen. Obgleich die Branche der Outfitberater und Seminare immer phantasievollere Titel erfindet, um Kundschaft für ihre Auftritts-und-Ettikette-Seminare zu werben, wird das Thema vor allem von jungen Leuten häufig unterschätzt.

Auf die Verpackung kommt es eben auch an, und Kleider machen nicht nur Leute, sondern auch Karrieren.

> Gepflegte Kleidung demonstriert Ernsthaftigkeit gegenüber den Aufgaben und Respekt vor anderen

Einmal abgesehen davon, dass gepflegte Kleidung zwei Dinge demonstriert: Äußerlich wird dokumentiert, dass man seinen Beruf ernst nimmt und seinen Kollegen und Geschäftspartnern Respekt zollt: Sie sind mir wichtig, unser Gespräch nehme ich ernst. Zum Rendezvous mit der hoffentlich größten Liebe seines Lebens erscheint ja auch niemand im verschwitzten Schlunzlook.

**Bärtige Beispiele**

Ein paar distanzierte Gedanken sollten sich auch Bartträger über ihre Pracht machen. Dreitagebart, das mag Models ganz gut zu Gesicht stehen, aber auch nur ihnen. Manche Etikettetrainer behaupten rigide: Männer mit Bärten machen schwerer Karriere, sie erwecken quasi schon äußerlich den Anschein, sie hätten etwas zu verbergen. Ihre Naturbelassenheit mag in manchen freien Berufen Kreativität andeuten, in der Welt der Zahlen verkörpert sie keine Kompetenz. Die Autorin hat diese Kritik einmal in einem Artikel auf den Managementseiten der „Frankfurter Allgemeinen Zeitung“ zitiert und arglos diese Meinung wiedergegeben. Und es sich damit auf ein Haar mit einem ihrer Lieblingskollegen auf dem Redaktionsflur verscherzt, der überzeugter Bartträger und renommierter Journalist mit ausgezeichnetem Ruf in seiner Branche ist. Kurzum: Es gibt auch für diese These bärtige Gegenbeispiele. Wenn sie denn ihren Bart stutzen und pflegen, so wie der nette Wirtschaftsredakteur, das ist ansehnlich. Und bei den Chefs der Chefs kann ein Bart zur Marke werden. Siehe DaimlerChrysler-Konzernchef Dieter Zetsche und sein auffallender Schnauzbart.

Reserveblazer

Um noch eine Indiskretion vom Zeitungsflur preiszugeben: Schon von weitem ist bei manchen Kollegen zu erkennen, ob sie den so genannten Stalldienst als Blattmacher haben oder aber einen Interviewgast erwarten, bei dem sie also ganz offiziell ihre Zeitung repräsentieren: Dann ist die Kleidung klassisch konservativer. Für überraschende Termine, die in der Tagesaktualität gang und gäbe sind, hüten manche ein Reservejackett oder den zeitlosen Blazer im Büroschrank – und sind so für alle Eventualitäten des Alltags gewappnet. Diese Lösung raten Banken ihren Mitarbeitern: Denn ein Ad-hoc-Termin beim Vorstand kann immer mal wieder vorkommen und überraschende Besucher sind immer wieder im Haus. Dann ist Jackett Pflicht.

> Erst Starmanager können ihre Exzentrik ausleben, und das auch nur in handverlesenen Branchen

Festzuhalten bleibt: Atemberaubende Dekolletees unterm Kostüm, das kann sich erst die etablierte Managerin leisten. Zottelmähne und Edelpunk dürfen frühestens dann zum lässigen Styling gehören, wenn die oberste Etage sicher erklommen ist. Und das ist auch nur in einigen handverlesenen Branchen möglich. Erst die Starmanager können ihre Exzentrik ausleben und ihr schräges Outfit dann sogar als Marke etablieren. Für alle anderen gilt die Formel, die ein Personalmanager der Unternehmensberatung Kienbaum ausgibt: „Je jünger die Karriere, desto strikter sollte man sich an den Dresscode der Branche halten. Führungskräfte dürfen ihren individuellen Stil betonen und sich modische Freiheiten erlauben. Das unterstreicht sogar ihre Autorität."

Je höher die Position, desto dunkler der Anzug: Großbanken und kleine, feine Privatbanken sind extrem konservativ. Vor fünfzehn Jahren konnten Frauen, die ganz nach oben wollten, hier nur in Ausnahmefällen Hosenanzug tragen. Bei manchen

Instituten gilt schon ein heller Sommeranzug als geradezu verdächtig unseriös und ein Polohemd trotz Markenemblem als fast verwegen. Und Tennissocken gehören nun mal auf dem Tennisplatz, und zwar nur dorthin. Unbestrumpfte Frauenbeine oder kurzärmelige Hemden sollten der Freizeit vorbehalten bleiben. Aufkrempeln bringe notfalls auch Kühlung, darauf beharren Modeberater. Und sie verweisen auf Südländer, die selbst dann, wenn im mittagsheißen Madrid und Rom der Asphalt Hitzeblasen wirft, im Maßanzug eine blendende Erscheinung abgeben. Heimkehrer von Auslandspraktika sehen das vermeintlich deutsche Spießertum mit anderen Augen.

Wie gesagt, gerade die Bankenbranche ist bis hin zur kleinsten Raiffeisen-Filiale seit Gründerzeiten jeher besonders traditionell. In Zeiten dramatischer Bankenkrisen und Großfusionen ist bei vielen frisch Fusionierten der Dresscode des lässigen „Casual Friday" wieder aufgehoben worden: Uns geht es schlecht, jetzt müssen wir erst recht Haltung bewahren.

**Krawatten-erleichterung**

Was genau unter Casual zu verstehen ist, darüber herrscht hierzulande kaum Konsens. In Amerika ist das klarer, da weisen Business-Casual-Schilder im Modegeschäft auf die Regale. Und die Kleidungsordnung ist Bestandteil der Company Policies und steht im Vertrag. Wenn dagegen zum dritten Mal verstoßen wird, dann heißt es „Good bye" für den Mitarbeiter im Räuber-Hotzenplotz-Stil. Manche Institutionen informieren ihre Mitarbeiter schriftlich: Im Winter sind Flanellhemden möglich, im Sommer Polohemden, dazu Chinos, also Baumwollhosen. Jeans sind grundsätzlich nicht erlaubt. Ist die Bankenaufsicht freitags im Haus, wird höchstens „Krawattenerleichterung" gewährt, und das auch nur im Hochsommer.

> Was schön und modisch ist, darüber herrscht unter den Generationen keinesfalls Konsens

Was jemand als „casual" empfindet, das ist individuell – und da liegt auch das Problem junger Mitarbeiter. Was sie unter Freizeit- oder unter Geschäftsmode verstehen, das hat mit den Vorstellungen anderer Generationen oft wenig zu tun. Schön und modisch erscheint in ihrer Wahrnehmung oft eine Kombination, die Fünfzigjährige in der Disco vermuten würden. Fünfundzwanzigjährige finden ausladende Kuriertaschen, die quer über der Brust baumeln, kleidsam und halten Aktentaschen für schweinsledernde Spießigkeit, in die Mamas Pausenbrot passt. Aber diese Meinung ist privat und nicht maßgeblich fürs Arbeitsleben.

Die Frankfurter Etikettetrainerin Lis Droste verweist in ihren Seminaren gerne auf die drei Männer am Messestand: der erste in Jeans, der zweite in einer Tweed-Kombination, der dritte in dunkelblauem Anzug mit Weste. „Auf wen gehen wohl 95 Prozent der Leute zu, wenn sie den Chef suchen? – Das ist einfach in den Köpfen so verankert."

> Eine souverän gelöste Kleiderfrage ist auf lange und auf kurze Sicht ein vernünftiges Energiesparmodell

**Oben hui, unten na ja**

Wer die Kleiderfragen nüchtern betrachtet und von Fall zu Fall löst, der verbiegt sich nicht. Er macht sich das Leben leichter und spart Energie. Äußerlichkeiten sind mit relativ geringem Aufwand formbar, eine überschaubare klassisch angehauchte Grundgarderobe lässt sich durch hochwertige Hemden, T-Shirts, Seidentücher, Gürtel und Accessoires immer wieder auffrischen, dem Motto vertrauend: Wir sind zu arm, uns schlechte Kleidung zu leisten. Es klingt leicht snobistisch, meint aber: Das billige Hemd sieht nach zehn Waschgängen noch billiger aus. Die Qualitätsfrage betrifft vor allem auch Schuhe: Nicht nur beim Einstellungsgespräch wandert der prüfende Blick abwärts: Es muss nicht das handgenähte Himalayaziegenleder sein, aber schief getretene Absätze ungeputzter Billigtreter vereiteln dem noch so schicken Anzug den gelungenen Auftritt. Oben hui und unten na ja, das stört den harmonischen Gesamteindruck. Die Investition in gutes Schuhwerk zahlt sich aus. Schuhspanner helfen, die Pracht zu erhalten. Und nicht nur kaufselige Frauen wissen: Schuhe kann man nie genug haben.

Natürlich gibt es weitere Tricks, mit einem Minimum an Aufwand einen guten Effekt zu erzielen, so wie mit der beliebten „Winterbügelung": In der kalten Jahreszeit, wenn das Jackett nicht abgelegt wird, reicht eine gebügelte Vorderfront bei

Bluse oder Hemd, der ungebügelte Rest entzieht sich der Öffentlichkeit. Das spart Zeit am öden Bügelbrett, erklärt ein Frankfurter Investmentbanker, der es nicht einmal schafft, abends noch in die Reinigung zu hetzen und deshalb selbst am Brett steht.

Entscheidend bei der Kleiderfrage ist ein gewisser Wohlfühleffekt. Ein bodenständiger Mann, der seine Jeans liebt, fühlt sich im Anzug verkleidet. Meist lässt er dieses Unbehagen auch durch eine unglückselige Haltung erkennen und erntet Scherze vom „zu klein gewordenen Kommunionsanzug". Dieser Kollege wäre besser beraten, für einen offiziellen Auftritt nicht unbedingt auf Nadelstreifen zu setzen, sondern ein sportliches Sakko zu wählen, das er dann aber souverän trägt.

### Schönheit ist glücklicherweise auch eine Sache der Ausstrahlung

Worüber Konsens herrscht und was tröstlich für alle Nicht-Model-Typen, also die meisten Menschen ist: Ob ein Mensch als attraktiv empfunden wird, das ist ganz wesentlich eine Sache der Ausstrahlung. Schönheit liegt im Auge des Betrachters. Eine verbissen wirkende Frau, die eigentlich rund gedacht ist, sich aber mühsam in ihr 36er-Figürchen gehungert hat und nur noch verkrampft am essigsauren Salatblatt knaspert, wirkt auf die meisten Menschen wenig angenehm. Zumindest weniger anziehend als die gepflegte Frau, die sich mit ihrer Konfektionsgröße 42 ausgesöhnt hat, mittags im Kollegenkreis ihre Pasta genießt, gerne ein wenig sportelt und ihre grünen Augen und verwegenen Grübchen fröhlich zur Schau trägt: Sie ist mit sich selbst befreundet und wird auch von anderen gemocht.

**Irrationalitäten** Attraktivität und das, was dafür gehalten wird, birgt irrationale Momente. Mitunter nützt die sympathischste Ausstrahlung nichts. Ein Personalchef, der einmal in demütigenden Aktionen von einer braunlockigen Frau verlassen worden ist, der hat – falls er nicht sehr reflektiert ist – eine uneingestandene Abneigung vor Frauen mit wallenden braunen Locken entwickelt. Und er wird diese strenger beurteilen als blonde oder rothaarige Bewerberinnen. Solche absurden Momente tauchen in allen Biographien auf. Und auch diese nicht steuerbaren subjektiven Effekte gehören zum Karrieremachen: Also zur richtigen Zeit am richtigen Ort vor der richtigen Person zu stehen. Das nennt man dann Glück – und das sieht meist anders aus, als man es sich vorgestellt hat. Wer diese Erkenntnis verinnerlicht hat, der hat schon viel für sein Wohlbefinden unternommen

> Der Großteil der deutschen Vorstandsvorsitzenden stammt aus den gehobenen Sozialschichten

Der klassenspezifische Habitus ist eine wichtige personale Variable für Führungserfolg. Der Psychologieprofessor Peter Winterhoff-Spurk von der Universität des Saarlandes hat dazu Zahlen vorgelegt, die nachdenklich stimmen: 80 Prozent der Vorstandsvorsitzenden der hundert größten deutschen Unternehmen stammen aus den gehobenen Sozialschichten. Kinder aus dem Großbürgertum haben eine bis zu 180 Prozent höhere Erfolgsquote bei der Besetzung von Spitzenpositionen in Wirtschaftsunternehmen. Zum klassenspezifischen Habitus gehört beispielsweise der souveräne Umgang mit Umgangsformen, die Kenntnis ungeschriebener Gesetze und Regeln, Souveränität im Auftreten, relativ breite Allgemeinbildung, eine optimistische Lebenseinstellung und auch ein hohes Maß an unternehmerischem Denken.

> Schlimm ist der dressierte Schnösel mit gut trainierten Ellbogen, für den Herzenstakt ein Fremdwort ist

Schlimm sind die jungen Ehrgeizlinge aus der Abteilung Schnösel mit gut trainierten Ellbogen. Wie werden solche Leute wohl erst als Chefs agieren, wenn sie es schon jetzt für unter ihrer Würde empfinden, den Pförtner zu grüßen? Ein unbehaglicher Gedanke, den man sich gar nicht erst ausmalen mag. Sie haben gute Prognosen, zu jenen menschenverachtenden Zeitgenossen zu gehören, die mit einem kühlen Federstrich ganze Belegschaften entkernen, ohne Rücksicht auf Verluste.

Herzenstakt lässt sich schon gar nicht auf die Schnelle lernen. Genauso wenig wie Respekt vor anderen. Der geht oft verloren, wenn nur noch das Geld angebetet und nach der Devise gehandelt wird: Nach oben dienen, nach unten treten. Was beobachtet die Hausdame im Berliner Fünf-Sterne-Hotel: Die einfachsten Gäste hinterlassen die ordentlichsten Hotelzimmer. Die so vornehm tuenden Herrschaften aber scheinen aus Ferkelhausen zu stammen. Je höher die gesellschaftliche Position eines Gastes, umso versudelter ist das Bad, umso zerwühlter ist das Bett, Trinkgeld gibt es nur für den Liftboy – denn diese großzügige Geste findet vor anderen Gästen statt: Seht her, ich bin ein nobler Geschäftsmann. Das Zimmermädchen geht indes leer aus, denn das bekommt ja niemand mit, dass da ein großer Schein auf dem Schreibtisch liegt. Herzenstakt ist keine Sache des üppigen Kontos.

**Thesen zur ordentlichen Selbstvermarktung**

Wer im Beruf ernst genommen werden möchte, der muss sich mitteilen und klar ausdrücken können. Schriftlich und mündlich. Redebeiträge in Konferenzen oder Ansprachen vor Publikum sollten das ABC der Rhetorik beherzigen. Dazu gehören:

- Verständliche Syntax wählen und Schachtelsätze meiden.
- Fachchinesisch braucht und schätzt kein kluger Mensch. Also Abstand halten vor vielen Fremdworten, nichts sagenden Schlagworten und Denglisch.
- Anschauliche Beispiele und einige ausgewählte Zahlen, im Kontrast mit Vergleichszahlen, illustrieren graue Theorie.
- Mühe auf einen durchdachten Aufbau verwenden: Ein pfiffiger Einstig ist entscheidend für den Erfolg, einen guten Mittelteil zeichnen elegante Übergänge aus, für den Schluss einen schönen Gedanken, ein aussagekräftiges Zitat aufbewahren.
- Guter Stil ist das Ergebnis des Rotstifts, einer muss sich anstrengen, der Redner oder der Zuhörer – gut, wenn es der Redner war.
- Vorsicht vor pompösen Powerpoint-Präsentationen und verwirrendem Folienrausch: sich auf wenige Schaubilder beschränken und einfache Handzeichnungen einbauen.
- Die Zeit im Blick halten und vorher ausprobieren, ob sie auch reicht.
- Keine Angst vor kleinen Versprechern, die verzeiht ein Publikum gerne, nur allzu große Professionalität wirkt unsympathisch.

Über Fremde fällt in wenigen Sekunden ein Urteil, sie werden in eine Schublade gesteckt, wo sie dann oft auch stecken bleiben. Das ist unfair, aber Tatsache. Deshalb kann eine noch so überzeugende fachliche Qualifikation nutzlos verpuffen, wenn sie mit allzu lässiger Kleidung und ungeschicktem Benehmen daherkommt. Nicht nur Menschen, auch Kleider machen Karrieren.

- Für Gepflegtheit lässt sich einiges tun, aber Attraktivität liegt im Auge des Betrachters und ist auch eine Sache der Ausstrahlung: Warum sollten mich andere anziehend finden, wenn ich mich selbst nicht mag?

- Höfliches Auftreten und gute Umgangsformen machen das Arbeiten für alle angenehmer, das gilt vom Pförtner bis zum Vorstand.

- Benimm im und ums Büro ist ein weicher Karrierefaktor, der aber über knallharte Geschäftsabschlüsse mitentscheidet.

# VI

Eine Krise ist ein Glücksfall

*Ruhm liegt nicht darin,*
*niemals zu fallen,*
*sondern jedes Mal wieder aufzustehen,*
*wenn wir gescheitert sind.*
Konfuzius

Supersiegertypen, die locker durchs Leben surfen, über die werden keine anregenden Bücher geschrieben und auch keine wirklich guten Filme gedreht. Wie sagte John Wayne: „Leben, das heißt: immer einmal mehr aufstehen als hinfallen." In der Weltliteratur wimmelt es von spektakulären Helden, die anfangs keine Helden sind: Sie durchlaufen etliche Prüfungen, erleiden Schiffbruch, rappeln sich wieder auf, scheitern erneut, um dann krisengestählt die wirklich großen Aufgaben meistern zu können. Geschmeidig-glatte Aufstiege langweilen fürchterlich. Wenn alles gut geht und nach Plan läuft, was gibt es denn da noch wirklich zu lernen? Wo findet der Reifungsprozess statt? Wo liegt da der Erkenntnisgewinn? Eben.

Und die ewigen Gewinner, die mit stolzem Lächeln auf der Siegerstraße stets an allen vorbeiziehen und sich für ihre charismatische Persönlichkeit bewundern lassen, die sind mit Vorsicht zu betrachten. Denn sie interessieren sich nur für einen Menschen in ihrem Leben, und der schaut sie an, wenn sie in den Spiegel blicken – was sie oft und gerne tun. Emotionen werden in den Mittelpunkt gerückt. Diese Form der Führung wird besonders kritisch gesehen. Psychoanalytiker attestieren, dass diese Führungspersonen hoch narzisstisch seien und daher ein Risiko für Organisationen darstellen.

Unverwundbarkeitswahn

Also lieber zwischendurch einmal scheitern. In der Krise kann die Kraft stecken. Das ist kein Berater-Blabla, sondern eine Erkenntnis intelligenter Großeltern und kluger Personaler, die immer weniger Menschen auswählen müssen, die immer größeren Aufgaben gerecht werden sollen. Im Glück Dümpelnde können jahrelang sorglos durchs Arbeitsleben segeln und eine blendende Figur abgeben. Wenn Schicksalsverwöhnte dann aber auf ein Problem stoßen, kann sie das aus der Bahn werfen. „Das ist wie bei der Gesundheit. Man erliegt leicht dem Unverwundbarkeitswahn. Die Ent-Täuschung, mit Bindestrich geschrieben, die haut viele richtig vom Schlitten", sagt Peter Groß. Der Kölner Psychotherapeut ist Coach in der Großindustrie und erlebt in seiner Beraterpraxis genau das. In Zeiten drohender Arbeitslosigkeit verlieren oft diejenigen als erste die Nerven, die nie eine ernsthafte Krise erlebt haben. Sie haben wenig Lebenserfahrung und sie kennen die tröstliche Perspektive nicht, die da lautet: Wenn eine Tür zufällt, dann geht ein Fenster auf.

So wie Karl Kaiser, der natürlich anders heißt. Bisher lief in seinem Leben alles glatt, Examen mit Wunschnote, vier Bewerbungen, eine Zusage, angenehmes Einarbeiten. Dann plötzlich die Katastrophe: Die Abteilung wird abgebaut. Die Jungen müssen gehen. Für Alleskönner Kaiser bricht die heile Berufswelt brutal zusammen. Die Situation überfordert ihn, er erkrankt ernsthaft. Sein Traum vom beruflichen Glück ist geplatzt. Frustrationstoleranz hat er nie erworben: Von klein auf wurden ihm die Hindernisse vorauseilend aus dem Wege geräumt, das haben die begüterten Eltern gut gemeint und das haben sie unter „wohlbehütet" verstanden. Die Fähigkeit, unliebsame Erfahrungen anders zu bewerten, hat der Sohn aus gutem Haus nie gelernt.

Kein Plan B

Sind betriebsbedingte Kündigungen zu erwarten, dann rotieren gerade die Erfolgsverwöhnten ultranervös vor den Zimmern ihrer Chefs, denn ihre Panik können sie kaum noch beherrschen. Obgleich viele von ihnen finanziell abgesichert sind, bricht bei ihnen unkontrollierte Existenzangst aus: Eine Kündigung sah ihr Lebensplan A, ein kontinuierlicher und rascher Aufstieg, nicht vor. Einen Plan B gibt es nicht.

> Abwärtsvergleiche mit anderen können die eigenen Existenzängste stark relativieren

„Es geht darum, die Erfahrung gemacht zu haben, wie man den Kopf wieder über die Wasserlinie bringt", sagt Peter Groß. Denn morgen ist auch noch ein Tag. Und zwar ein besserer.

Diese Stressresistenz fordern Wirtschaft und Industrie. Unter anderem auch deshalb wabert das Schlagwort vom „Entwicklungspfad“ über die Firmenflure. So erklärt der Personalchef eines großen Chemieunternehmens: „Mir fallen diese aalglatten Bewerber auf die Nerven, die mit dem goldenen Löffel geboren werden. Denen sind von klein auf alle Steine aus dem Weg geräumt worden. Geld war nie ein Thema. Solche Leute entwickeln oft eine arrogante Anspruchshaltung und glauben, sie hätten ein Recht auf die ganz große Karriere. Richtig beweisen mussten die sich aber nie. Da sind mir diejenigen lieber, die sich hochgearbeitet und mal Schlappen erlebt haben. Solche Bewerber wissen eher, wie man sich Problemen stellt. Die nehmen so eine Stelle noch als Herausforderung. Mal abgesehen davon, dass sie oft anständiger mit Mitarbeitern umgehen.“ Seinen Namen möchte der Personalchef aber lieber nicht gedruckt sehen. Er scheut die Reaktionen finanzstarker Geschäftskunden: „Denn deren Nachwuchs fällt oft in die schwierige Kategorie.“

> Krumme Wege gehören zum Reifungsprozess – das haben kluge Personalberater erkannt

Eine ähnliche Haltung vertritt auch Hagen Seibt. Der Bochumer Diplompsychologe war lange Zeit Personalentwickler bei Henkel und hat ausdrücklich jene Hochschulabsolventen bevorzugt, „die krumme Wege gegangen sind“. Also beispielsweise Bewerber, die erst auf dem zweiten Bildungsweg ihren Abschluss gemacht haben. „Suspekt waren mir die Leute, die bis zum 25. Lebensjahr immer nur gelernt und nicht gearbeitet haben.“

**Erfahrung mit Niederlagen**

Stattdessen hat Hagen Seibt einen zweiunddreißig Jahre alten promovierten Chemiker eingestellt, der sein Studium mit der Organisation von Ägyptenreisen finanziert hat. Und einen Schreinermeister, der noch Betriebswirtschaft studiert hat. Oder den abgebrochenen Religionspädagogen. „Der hat sich hervorragend im qualifizierten Außendienst bewährt, ein Stück Sendungsbewusstsein ist da von Nutzen.“ Warum das Lob der krummen Wege? „Diese Wege führen zur Selbsterfahrung. So kann ein Mensch lernen, mit Niederlagen umzugehen und nicht daran zu verzweifeln. Wenn Sie erst mit zweiunddreißig Jahren Ihre erste Niederlage erleben, dann ist das eine Katastrophe." Solche Erfahrungen gehören auch zum Reifungsprozess eines guten Vorgesetzten. „Ein Chef geht anders mit Mitarbeitern um, wenn er selbst mal was auf die Mütze bekommen hat." Was der sechzigjährige Seibt aber auch klar macht: „Wohlgemerkt, es geht um das Verstehen einer Handlung, nicht darum, sie gut zu finden."

**Restlos überfordert**

In seiner Berufspraxis hat Hagen Seibt folgenden Fall erlebt: In einem Familienbetrieb mit 700 Mitarbeitern leitete ein 48 Jahre alter Mann die Organisation und Datenverarbeitung. „Ein hervorragender Programmierer. Aber von Organisation hatte er wenig Ahnung. Besprechungen lösten bei ihm immer stärkere Ängste aus. Er war also als Führungskraft in so einer zentralen Position restlos überfordert, wie ich im Rahmen eines Coaching feststellen konnte." Schließlich sollte der Mann entlassen werden. Zum Glück hatte der Firmeninhaber Skrupel, einen langjährigen Mitarbeiter in die Arbeitslosigkeit zu schicken. Seibt sollte noch einmal mit dem Programmierer sprechen. Im Gespräch mit dem Psychologen gab dieser seine Ängste zu. Die Aussprache führte zu einer vernünftigen Lösung: Der Mann konnte bleiben und wurde Chefprogrammierer. Zwanzig Jahre Systemerfahrung lässt man nur ungern gehen. Sein Gehalt wurde für drei Jahre eingefroren, für die Abteilungsleitung wurde ein neuer Mann eingestellt. Die große Krise erwies sich als Glücksfall für den Mitarbeiter. Er kann wieder ruhig schlafen und füllt seine Rolle als Chefprogrammierer voller Begeisterung aus.

**Zeit zum Verarbeiten**

Was dieser Fall deutlich zeigt: Durch eine Krise stärker werden, das ist beileibe kein Automatismus. „Das ist vielmehr ein schönes Schlagwort", sagt Elke Berninger-Schäfer. Um eine Krise als Chance nutzen zu können, muss der Betroffene reflexiv damit umgehen, erklärt die Dozentin an der Führungsakademie Baden-Württemberg in Karlsruhe. Also innehalten, um die Botschaften zu entschlüsseln, die in einer Krise stecken können, und sie als Teil der Biographie annehmen. „Es geht darum, sich Zeit zum Verarbeiten zu nehmen. Gelingt das nicht, dann muss ich verdrängen. Jede Wunde braucht Zeit, sonst bleibt ein schwärendes Geschwür." Ist der Leidensdruck extrem groß, dann ist möglicherweise eine

Therapie angeraten. Die promovierte Psychologin kennt diese Fälle durch ihre langjährige Arbeit im klinischen Bereich.

Was aber hilft bei überschaubareren Problemen? „Gespräche mit vertrauten Menschen und alle Möglichkeiten der Selbstreflexion nutzen.“ Elke Berninger-Schäfer zählt auf: Tagebuch führen, Spaziergänge, Meditationen oder Austoben beim Sport. „Vielen Klienten hilft es auch, sich mit psychologischer Allerweltsliteratur zu beschäftigen.“ Oder zum Märchenbuch zu greifen. Der klassische Märchenstoff handelt eben von einem Held oder einer Heldin, die in Krisensituationen Prüfungen ausgesetzt sind. Auf einer assoziativen Ebene werden Archetypen angesprochen, das kann eine echte Hilfestellung sein.

Wertereflexion

Unter anderem, weil es zeigt, dass Krisen einen Sinn haben. Denn sie lösen die Frage nach dem Warum aus und können zur Bilanzierung von Lebenszielen und -träumen führen. Dann finden Menschen zu einer Sinn- und Wertereflexion und können die Chance nutzen, andere Weichen im Leben zu stellen. „Allerdings geht der Neubeginn auch mit sehr unguten Gefühlen einher. Es ist schon eine dunkle Phase dabei“, warnt die Dozentin. „Ist die Krise überwunden, kann dann eine Menge Kreativität freigesetzt werden.“ Und sei es nur, dass konservative Manager, die hinter Begriffen wie Coaching eher unseriöses Wischiwaschi vermuten, den Instrumenten der Mitarbeiterführung offener begegnen. So wie bei dem Chemiekonzern, den Peter Groß beraten hatte. „Auf einmal war bis zur untersten Führungsebene Coaching möglich.“

> Erfahrungswissen der Älteren schließt Krisenintervention häufig ein und färbt auf die Jungen ab

Ältere Mitarbeiter haben oft durch „trial and error“ und dann wieder, indem sie einen neuen Versuch wagten, gelernt, mit schwierigen Situationen umzugehen. Sie haben quasi die Zuversicht verinnerlicht, dass es irgendwie weitergeht, und der geplatzte Großauftrag zwar höchst ärgerlich ist, aber davon die Firmenwelt nicht untergeht. Thomas Mann schreibt in seinem

Roman „Joseph und seine Brüder“: „Das ist der Vorteil der späten Tage, dass wir die Kreisläufe schon kennen, in denen die Welt abläuft, und die Geschichten, in denen sie sich zuträgt und die die Väter begründeten.“

Methusalem-Liga

Diese Kreisläufe zu kennen, das schenkt Gelassenheit – die mit passivem Aussitzen nicht das Geringste zu tun hat. Davon können nervöse Kollegen viel lernen. Krisenbewältigungsstrategien, das ist ein entscheidender Aspekt des hoch gelobten Erfahrungswissens, über das die Älteren verfügen. Das zeigt sich auch in den Berufsmilieus, die besonders anfällig für den Jugendwahn sind. Die Werbebranche: In einer Hamburger Agentur orderte ein lukrativer Großkunde überraschend einen Blitzauftrag. Die Kampagne sollte möglichst sofort fertig werden, am besten vorgestern. Ein großer Kundenname – die jungen Mitarbeiter, frisch von der Hochschule, erschauerten und bekamen es mit Versagensängsten zu tun. Auf Anhieb kreativ sein und über Nacht ein überzeugendes Konzept entwickeln, allein der Gedanke trieb ihnen den Angstschweiß auf die Stirn. Zum Glück gab es da noch einen Art Director, der mit seinen fünfzig Jahren schon wie jemand aus der Methusalem-Liga wahrgenommen wurde. Der Mann hatte schon viele dieser hektischen Situationen erlebt. Er trommelte die aufgeregte junge Schar zusammen, verteilte Einzelaufträge, genau wissend, was er wem zumuten konnte, und dimmmte allein schon durch die Ruhe, die er ausstrahlte, den Hysteriepegel deutlich herunter. Während sich die Überforderten nur noch anschrieen, nahm er sich noch Zeit für eine launige Bemerkung zwischendurch und sorgte mit humorvollen Kommentaren für Abstand zum albtraumhaft wirkenden Auftrag.

Geldwerte Gelassenheit

Diese Gelassenheit ist Gold wert. Das ist wortwörtlich gemeint: Selbstverständlich sorgen junge Mitarbeiter für niedrige Lohnkosten. Aber geht diese Rechnung wirklich auf? Zahlt sich das aus, wenn sie mit Eilaufträgen aufgrund mangelnder Erfahrung vollkommen überfordert sind?

Die Selbstüberschätzung junger Menschen ist in dieser Gesellschaft – die nicht zu Unrecht den Titel Spaßgesellschaft trägt – ein Riesenthema, das viel zu selten benannt wird. Die Rechnung, nur weil ich jung bin, bin ich besser, geht nicht auf. Es gelingt eben nicht jedes Projekt, ich produziere auch Flops, das muss ich erst verkraften lernen. Ältere sind da einige Schritte voraus.

### Eine fehlende Fehlerkultur und Vertuschungsaktionen verunsicherter Kollegen verhindern neue Ideen

Fehler zu machen, das ist ärgerlich, aber nicht bedrohlich. Sie aber zu vertuschen, das kann auf Dauer zu großen Gewinnverlusten führen. Was im Einzelfall gilt, beziehen Wissenschaftler der Universität Witten-Herdecke auch auf ganze Unternehmen. „Leider haben wir in Deutschland keine Fehlerkultur", bedauert Torsten Groth vom Lehrstuhl für Führung und Organisation. Er nennt einen Vorteil des Fehlermachens: „Im Gegensatz zum Erfolg hat man etwas Eindeutiges, was nicht funktioniert hat. Also eine klare Lernchance. Jetzt kann man das auf Sach- und Personenebene analysieren." Der Sozialwissenschaftler nennt das Beispiel eines blinden Waldläufers. Stößt er nirgendwo an, erlebt er das Gefühl, ein erfolgreicher Läufer zu sein. Wäre er angeeckt, dann hätte er mehr gelernt und Gefahrenbewusstsein entwickelt.

**Kollektives Unter-den-Teppich-Kehren**

Andere Kulturen gehen lässiger mit dem Fehlermachen und der Frage um: Ist jemand hingefallen oder ist er immer wieder aufgestanden? In Tellerwäscher-Karrieren-Ländern wie Amerika wird stärker auf das Aufstehen geachtet, bei uns aber eher auf das Hinfallen. Ganz abgesehen davon, dass in den Vereinigten Staaten die Neidkultur nicht so ausgeprägt zu sein scheint wie hierzulande. Und das ist ein Problem. Unternehmen richten ihr Handeln daran aus, nicht zu scheitern. Die Mitarbeiter verwenden ihre Energie darauf, ja nichts zu riskieren. Statt zu neuen Ideen und Visionen führt das zu Vermeidungshandeln und einer defensiven Haltung des passiven Sich-Durchlavierens. Konzentriertes und kollektives Unter-den-Teppich-Kehren ist natürlich nicht das Profil, das neue Geschäftsideen vorantreibt. Vielmehr steigt die Gefahr, Entwicklungen zu verschlafen. Das ist auch deshalb ungut, weil etwa 90 Prozent aller Veränderungsprojekte in Unternehmen nicht erfolgreich ablaufen, sagt Torsten Groth: „Dennoch versuchen alle, das auf Teufel komm raus gut darzustellen. Man klopft sich auf die Schulter, obwohl unter der Hand alle wissen, das hätten wir besser machen können.“ Da hilft es auch nicht, dass die modischen Schlagworte von einer Fehlertoleranz und Fehlerkultur vollmundig zitiert werden und es angeblich möglich ist, selbstbewusst Fehler einzugestehen. „Das ist in Unternehmen aber leider weit entfernt von der Realität. Im Gegenteil, die Menschen plagen Schuldgefühle“, weiß Elke Berninger-Schäfer.

Wie viel Freude und Stolz eine Leistung bereiten kann, die gut, aber eben nicht sehr gut ist, das zeigt ein Blick in die Sportwelt: Glücklicher als die Zweitplazierten sind in der Regel die Drittplazierten – denn sie haben es gerade noch geschafft, aufs Siegertreppchen steigen zu dürfen. Ein toller Erfolg, sie sind platziert. Jubel, die Sektkorken knallen! Diejenigen aber, die auf dem zweiten Platz gelandet sind, die hadern häufig mit ihren Silbermedaillen – zu gerne hätten sie ganz oben gestanden. Dabei kann es gut tun, einmal zu versagen, wenigstens ein bisschen …

Bewahrungswunder

Und wer hat nicht schon erlebt, dass eine vermeintlich bittere Niederlage sich rückblickend regelrecht als glückliche Fügung erwiesen hat: Die Stelle, die man damals so sehnlich erstrebt und nicht bekommen hat, ausgesiebt in der letzten Bewerbungsrunde. Zwei Monate später gab es dann eine viel reizvollere Ausschreibung in einer noch spannenderen Stadt. Den Partner, den man so lange vergeblich umbalzt hat und der sich später als unterkühlter Karrierist disqualifiziert hatte, glücklicherweise mit einer anderen Frau an seiner dunklen Seite. Längst hat ein liebevoller Freund – eher ein Mensch für den zweiten Blick – die Liebeskummertränen getrocknet. „Es gibt auch Bewahrungswunder“, nennt das eine Aachener Pastorin. Wer diese schon einmal erlebt hat, der entwickelt Sportsgeist und kapituliert nicht vor jeder Krise, die auf ihn zurollt. Erst später wird er wissen, wozu sie gut war.

**Thesen zum Thema Krisen**

Menschen, deren Karriereweg immer steil bergauf und deren Entwicklungspfad schnurgerade verläuft, knicken oft vollkommen ein, wenn sie mit der ersten ernsthaften Krise konfrontiert werden. Krisen zu bewältigen, das ist ein entscheidender Durchbruch zu einem Reifungsprozess.

- Bewältigte Krisen können für schwierige Situationen wappnen. Allerdings ist das kein Automatismus, sondern erfordert Selbstreflexion.

- Ältere Arbeitnehmer haben häufig besser gelernt, nach Umwegen wieder den geraden Weg zu finden. Ihre Berufserfahrung hat ihnen vorgeführt, dass ein geplatzter Auftrag zwar ärgerlich, aber kein Weltuntergang ist. Von diesem Erfahrungswissen können junge Mitarbeiter lernen, das spricht für altersgemischte Teams.

- Firmen, die ihre Mitarbeiter darauf trimmen, bloß keine Fehler zu machen, die machen selber einen Fehler: Perfektion ist unrealistisch, Fehler kommen in den besten Firmen vor.

- Haben Mitarbeiter Angst vor den Konsequenzen, vertuschen sie die Fehlschläge. So ist die Möglichkeit verschenkt, daraus zu lernen und die Dinge zu verbessern.

- Als Trost für die vermeintlich Gescheiterten: Es gibt auch Bewahrungswunder. Oft war die nicht ergatterte Stelle in der Retrospektive ein Glück.

# VII

## Ein Netzwerk kann Leben retten

*Der Himmel hilft niemals denen,*
*die nicht handeln wollen.*
**Sophokles**

Das Schlagwort vom effizienten Netzwerken hat einen unangenehmen Beigeschmack. Das klingt nach – auch ein unschönes Wort – Nutzwert. Und danach, menschliche Kontakte gezielt auszunutzen, um sich beruflich Vorteile zu verschaffen. Da steigen hässliche Bilder anrüchiger Seilschaften und übler Vetternwirtschaft hoch: Vom erfolgreichen Anwalt, der seinen mittelmäßig begabten Sohn unbedingt in einer renommierten Kanzlei unterbringen möchte, wohl wissend, dass sein Nachwuchs mit dem so gerade noch bestandenen Examen ohne einen Anruf des Vaters bei den Topadressen keinerlei Chancen hätte. Oder da ist die Ärztin, die ihrer Nichte die begehrte Assistenzarztstelle über einen Praxispartner verschaffen möchte, natürlich ohne die übliche Wartezeit. Jedenfalls steht hier die Leistung nicht im Vordergrund, sondern die Tatsache, jemanden zu kennen, der einem noch einen Gefallen schuldig ist oder aus diffusen Abhängigkeiten etwas einfädeln soll, was qualifizierten Bewerbern gegenüber unfair ist. Das ist kein Netzwerken, das ist Klüngel und ein seltsamer Händewaschverein, bei dem hinterher die meisten schmutzige Hände haben. Doch die Welt der exquisiten Clubs und konservativen Studentenverbindungen wandelt sich langsam, aber gewaltig. „Früher wurden auch Flachpfeifen in unserer Verbindung durch ältere Mitglieder irgendwie untergebracht, das funktioniert heute nicht mehr. Ohne solide Qualifikation geht da gar nichts mehr“, sagt ein Mitglied einer schlagenden Würzburger Studentenverbindung.

**Win-Win-Strategie**

Netzwerken meint ohnehin etwas anderes: Es geht darum, anregende Leute kennen zu lernen und unbefangen miteinander in Kontakt zu kommen. Das ist eine vernünftige Win-Win-Strategie in unserer komplexen Arbeitswelt. Beziehungen schaden nur dem, der keine hat. Eine IBM-Studie hat herausgefunden, dass 60 Prozent des beruflichen Erfolgs auf das Konto Beziehungen gehen. Der Internet-Jobbörse StepStone zufolge haben in Deutschland 37 Prozent der Befragten ihren Job über persönliche Beziehungen bekommen. Viele Stellen werden erst gar nicht mehr ausgeschrieben, und es geht darum, rechtzeitig zu erfahren, wo eine neue Stelle besetzt werden soll. Netze müssen also geknüpft werden, bevor man sie dringend braucht.

Selbst erarbeitetes Vitamin B

Diese Zahlen zu ignorieren, ist fast fahrlässig. Vor allem für Menschen, deren Berufsalltag wenige Außenkontakte einschließt, kann der Austausch mit anderen bereichernd sein. Berufsverbände sind hier ein erster Schritt. Solche Begegnungen weiten den Horizont, relativieren die eigene Sicht auf die Dinge und nähren sozusagen das selbst erarbeitete „Vitamin B“ für Beziehungen.

Aber auch Freunde und Partner gehören zu einem guten Netzwerk, denn sie erhöhen die Chance, jemanden fragen zu können, „der sich auskennt“. Ohne gegenseitige Achtung und Sympathie funktioniert das alles aber nicht.

Nervensäger-Status

Es reicht nicht aus, Entscheidungsträger zu kennen. Werte wie Respekt und Großzügigkeit spielen auch eine entscheidende Rolle. Denn ein effektives Netz entsteht schließlich nur dort, wo beide Seiten eine Beziehung freiwillig aufrechterhalten und das Miteinander von Geben und Nehmen beherrschen. Also jemandem nützliche Informationen zukommen zu lassen oder jemanden weiterzuempfehlen. Mit Serienmails und vorgedruckten Weihnachtskarten hat das nichts zu tun, übereifrige Netzwerker bekommen so Nervensägen-Status. Auch das ist Thema auf Networking-Seminaren. Die Nachfrage nach solchen Kursen ist groß und wird ständig größer: Wie Kommunikation und Gruppenbildung funktionieren, das wollen Anfänger für ihren Berufseinstieg und Fortgeschrittene für die nächsten Karrierephasen systematisch lernen.

Das Training beginnt an der Universität und ihren Ehemaligenvereinen und Alumni-Clubs – die nach amerikanischem Vorbild an immer mehr Hochschulen entstehen. Auf der Suche nach jungen Talenten finanzieren große Unternehmen Karriere-Messen und auch immer mehr Internet-Netzwerke, damit zusammenfindet, was zueinander passt.

Feierabendtreffen können zu Jobbörsen werden. Es ist unklug, sich davon auszuschließen

Schade, dass vor allem Frauen sich bisher noch scheuen, solche Netze zu knüpfen. Allerdings ist in den vergangenen Jahren eine Menge geschehen. Immer mehr von ihnen schließen sich in Karrierenetzwerken zusammen: Sie schauen sich das ab, was Männer ihnen selbstverständlich schon im Mikrokosmos des Unternehmens vorleben. Schon von Natur aus. Wenn Männer sich auf ein Bier in der Kneipe oder ein Glas Wein nach Feierabend verabreden, dann reden sie nicht nur über Sport und Politik, sondern ganz selbstverständlich auch darüber, was im Büro, der Kanzlei, auf der Präsentation passiert ist: Dass der Meier wieder mal auf der Schleimspur ausgerutscht ist, dass der Chef ungerecht und die neue Praktikantin mit der Aktendurchsicht völlig überfordert war. Bürotratsch, der aber auch das Gemeinschaftsgefühl stärkt und Teil des sozialen Lebens ist. Dass Männer nicht klatschen, so wie es tratschenden Frauen immer attestiert wird, ist ein Märchen. Sie klatschen eben nur anders.

**Nützlicher Bürotratsch**

Frauen, vor allem wenn sie auch noch eine Familie zu managen haben, nehmen an solchen informellen Kneipenabenden oft aus Zeitgründen nicht teil. Und das ist ein Nachteil. Ganz einfach, weil sie vom informellen Informationsfluss abgeschnitten sind. Denn natürlich werden nach Feierabend auch Personalien ventiliert. Und es geht auch darum, wer unbedingt ein repräsentativeres Büro beziehen möchte, wer unglücklich mit seiner Abteilung ist, wer sich auf die Stelle in Ungarn bewerben will. Nach Dienstschluss wird besprochen, wie sich das Personalkarussell dreht oder drehen könnte: Wenn es den Kollegen nun in die Niederlassung nach Budapest drängt, dann gerät dieses Karrierekarussell natürlich in Bewegung – seine Stelle wird frei. Darauf könnte sich der X. bewerben, der wollte das ja schon immer. Was wäre denn dann mit dessen Stelle in der Kundenreklamation? Da könnte ich doch Interesse anmelden, die Arbeitszeiten lassen sich viel besser mit meinem Privatleben vereinbaren. Feierabendtreffen können zu regelrechten Jobbörsen werden, und es ist unklug, sich von diesen permanent auszuschließen. Manchmal sitzen auch die Vorgesetzten in diesen Runden und erfahren en passant vielleicht zum ersten Mal, dass die Kollegin sich wünscht, in die Reklamation zu wechseln. Statt gezielte Mauscheleien zu platzieren, sind solche lockeren Treffen sinnvoll, um Transparenz herzustellen.

**Informationsfluss**

Realistische Informationen für Existenzgründer bieten zum Beispiel Frühstücksclubs

Was im eher firmenbezogenen Rahmen abläuft, das findet auch auf größeren Bühnen statt, auf denen sich interessierte Branchenkollegen zusammenschließen. So ein Austausch muss nicht in verstockter Vereinsmeierei enden, sondern kann zu neuen Ideen und übergreifenden Projekten führen. Ob das jetzt ein Frühstücksclub ist, zu dem sich Frauen aus der Dienstleistungsbranche einmal im Monat zusammenfinden, oder ein Verband, in dem sich Programmierer über neue Implementierungsprobleme austauschen. Auch diejenigen, die mit einer Existenzgründung liebäugeln, sollten sich auf diesen Treffen ausgiebig tummeln. Denn hier erfährt er oder sie Dinge, die eben nicht im Zehn-Punkte-Plan des Industrie- und Handelskammerpapiers stehen. Die Fallstricke auf dem schweren Weg in die Selbständigkeit halten sich sehr gut versteckt. Realistische Informationen können ein guter Insolvenzschutz sein.

Und natürlich gibt es Phasen im Berufsleben, in denen diese langsam gewachsenen Kontakte überlebenswichtig sind. Dann nämlich, wenn jemand seine Stelle verliert. Das Damoklesschwert Arbeitslosigkeit fegt seit Jahren auch über vormals sichere Berufsfelder hinweg. Der Einbruch in der Informationstechnologie und die Bankenkrisen haben zu Tausenden „Freisetzungen“ geführt, wie der schönfärberische Begriff lautet. Ein Viertel aller Berufstätigen unter 25 Jahren erhält nur noch Zeitverträge.

Schock und Scham

Der bittere Begriff „Generation Praktikum“ (gemeint sind die Hochschulabsolventen, die sich von einem zum anderen mies bezahlten Praktikum hangeln) wabert durch das immer härter werdende Arbeitsleben. Zukunftsforscher gehen davon aus, dass künftige Generationen in ihrem Arbeitsleben bis zu drei verschiedene Berufe erlernen und ausüben müssen. Düstere Prognosen, die den Nutzen stabiler Netzwerke untermauern: Wer früh Netzwerke geschaffen hat, der fällt nach der Kündigung nicht ins Bodenlose. Vorausgesetzt, er hat den Mut, das zu tun, was Personaler dringend raten: Er überwindet seinen Schock und möglicherweise auch seine Scham über den Jobverlust und spricht offen über seine Situation. Ja, ich suche eine neue Stelle, ich muss und möchte mich verändern, ich bin wieder auf dem freien Markt.

Zu diesem offensiven Umgang mit einer isolierten Situation wird im Übrigen auch bindungswilligen Singles geraten: Wer ahnt denn, dass der sportliche Architekt, der immer so vergnügt wirkt und einen prallen Privatterminkalender schwenkt, seit Jahren nach einer Partnerin sucht? Das Singledasein steht ihm – glücklicherweise – nicht auf die Stirn geschrieben, aber dass er quasi „auf dem Markt" ist, das ahnt eben auch niemand. Also raus aus der Diskretion und selbstbewusst auf die partner- oder joblose Lage hinweisen. Dann gibt es eine reelle Chance, dass ein Schneeballeffekt eintritt: Und jemand, der wiederum jemanden kennt, der auf einen potenziellen Partner oder eine reizvolle berufliche Perspektive hinweisen kann. Schneeballeffekt

Ein Netz stabiler Kontakte mindert die Gefahr, lange Zeit ohne feste Stelle zu sein. Ein Allheilmittel sind solche Kontaktbörsen nicht, aber sie erhöhen die Chance, wieder den Fuß in die Tür eines Unternehmens zu bekommen – und sei es nur als Aushilfsvertretung oder in einer Zeitarbeitsphase. Das tut dem Bewerbungs-Lebenslauf gut und stärkt das Selbstbewusstsein. Die Zahlen stützen diese Strategie. So hat eine Studie des Instituts für Arbeitsmarkt- und Berufsforschung in Nürnberg ergeben, dass 75 Prozent der offenen Stellen im Jahr 2003 vergeben wurden, ohne extern ausgeschrieben worden zu sein. Das Interessante dabei: Die Erfolgsquote bei der Vermittlung über eigene Mitarbeiter fiel mit 71 Prozent überdurchschnittlich hoch aus.

### Bewerbungspapier ist geduldig: Persönliche Kontakte können Fehlbesetzungen verhindern

Gerade auch diejenigen, die fest in einer hervorragenden Position sind, profitieren von übergreifenden Kontakten. Denn nicht wenige der wirklich interessanten Stellen werden zwar offiziell ausgeschrieben – auf dass alles seine Ordnung hat, und den Anzeigenmarkt freut das natürlich auch –, aber besetzt werden sie dann mit Menschen, die irgendjemand im Unternehmen aus anderen Kontexten kennt. Wer hier Filz wittert, der liegt nicht ganz verkehrt. Aber natürlich gibt es ein gewichtiges Argument

Aufgehübschtes Selbstmarketing

für dieses Verfahren, über das niemand gerne spricht: Bewerbungspapier ist geduldig. Eine schicke Bewerbungsmappe mit straffem Lebenslauf, garniert mit einem perfekt ausgeleuchteten Fotostudioporträt kann trügen. Der erste Eindruck ist blendend. Im wortwörtlichsten Sinne: Denn bei der schriftlichen Selbstpräsentation wird geschummelt, was das Zeug hält. Mit einem guten Computerprogramm, einem leistungsstarken Scanner und einem dreisten Vorsatz, mehr zu scheinen, als man ist, kann sich auch ein durchschnittlicher Aspirant eine erstklassige Bewerbung zusammenbasteln. Was tun, wenn der Bewerber zweimal sein Fach gewechselt hat, sich durch endlose Semester getrödelt und lustlos durch Praktika gemogelt hat? Wie soll er diese Mittelmäßigkeit auf einem engen Markt verkaufen? Einem Markt, der hoffnungslos überlaufen ist von ehrgeizigen Einserkandidaten, die den ganzen Kanon von vier Auslandspraktika übers Prädikatsexamen bis zum Doktorhut bewältigt haben und selbstverständlich noch keine dreißig Jahre alt sind.

Folglich wird gefälscht, aufgehübscht und aggressives Selbstmarketing betrieben. Aus dem Azubi, den der Bewerber betreut hat, wird ein Team aus sieben Mitarbeitern gestrickt, das der Kandidat zu Höchstleistungen geführt hat. Vaters Bruder hat eine kleine Keksfabrik und stellt – man kennt sich, man hilft sich – dem Neffen ein Praktikum aus, das dieser nie angetreten hat und nie antreten wird. Und mutig schreibt mancher von hervorragenden Spanisch- und Portugiesischkenntnissen, in der Hoffnung, dass im Bewerbungsgespräch dann doch nur Fragen auf Deutsch gestellt werden. Manche mogeln sich damit durch und fliegen erst bei der Konferenz in Madrid auf – dann aber ist es für den Arbeitgeber zu spät.

Urkunde aus Timbuktu

Inzwischen engagieren große Unternehmen Detektive, die sich darauf spezialisiert haben, den Wahrheitsgehalt von Bewerbungen zu ergründen, wie der F.A.Z.-Wirtschaftsredakteur Ralf Nöcker recherchiert hat: Verschiedene Untersuchungen kommen zu dem Ergebnis, dass der Anteil der gefälschten Lebensläufe hierzulande bei mindestens zehn Prozent liegt. Dass ein Sternchen-Zertifikat der Universität von Timbuktu misstrauisch macht, das ahnt auch Lieschen Müller. Was aber ist mit der stilvoll umrahmten Urkunde der University of Stanford, ist die wirklich in Kalifornien erworben? Oder hat da ein pfiffiger

Computerfreak gut gefälscht? Einen MBA-Titel, ausgestellt von der Eliteuniversität Stanford, besaß jedenfalls der ehemalige Finanzchef eines amerikanischen Softwareunternehmens mit dem hübschen Namen „Veritas“, Wahrheit, nicht. Ergattert hatte er seinen Posten mithilfe eines gefälschten Lebenslaufs. Diese Köpenickiade flog auf, der Mann wurde gefeuert.

**Berüchtigte Tests**

Ist der Bewerber zu einem Gespräch eingeladen, kann eine persönliche Begegnung natürlich einiges erhellen. Aber erfahre ich wirklich, ob der so ausgeglichen wirkende Diplom-Betriebswirt nicht zu cholerischen Ausfällen neigt, falls die Auftragslage zu Überstunden zwingt? Wie lässt sich Stressresistenz tatsächlich testen, wenn es nicht möglich ist, die Kandidaten durch ein mehrtägiges Assessment-Center zu schicken – wobei auch diese Verfahren ihre Tücken haben und beispielsweise die berüchtigten Teamfähigkeitsübungen zurückhaltende Bewerber benachteiligen. Und wie will ich herausfinden, ob das einer jener Arbeitnehmer ist, der seine Rechte bis in den kleinsten Paragrafen herunterdeklinieren kann? Einer, der bei jedem Husten die Krankmeldung einreicht und um 16.58 Uhr den Griffel fallen lässt – ganz gleich, ob der Bürokollege unter dem Aktenberg kollabiert?

**Täuschungen entlarven**

Die Wahrscheinlichkeit, charakterlichen Schwächen bis hin zu groben Täuschungen auf die Schliche zu kommen, erhöht sich, wenn man den Bewerber schon einmal in anderen Kontexten erlebt hat und sich ein etwas realistischeres Bild machen kann als in der Ausnahmesituation der Bewerbung. Das gilt auch umgekehrt: Der diskret gecastete Kandidat kann sich ein realistischeres Bild von einem möglichen Arbeitgeber machen. Da er offiziell kein Aspirant ist, plaudern die Kollegen unbefangener über das Arbeitsklima, das eben nicht in den Bilanzen auftaucht. So weiß der Bewerber eher, was wirklich auf ihn zukommt. Auch das ist ein Vorteil für fleißiges Netzwerken. Und das spricht wieder für das Modell Klub.

Eine Sonderform des Netzwerkens ist das Mentoring. In Tandems finden sich Berufsanfänger oder -umsteiger und erfahrene Führungskräfte zusammen. In erster Linie, damit die Jungen vom Wissen der Älteren profitieren, meist ist die Situation für beide Seiten bereichernd.

**Thesen zum Netzwerken**

Berufliche Netzwerke werden immer wichtiger. Kontaktpflege meint keine Klüngelei, sondern einen Austausch, der möglichst eine Win-Win-Situation herstellen soll. Netzwerken funktioniert auf vielen Ebenen.

- Das Glas Wein nach Feierabend mit den Kollegen dient auch dem informellen Austausch und kann Auskunft über Veränderungen im Unternehmen geben.

- Existenzgründer sollten auf jeden Fall den Kontakt mit Selbständigen suchen, sie erfahren viele Informationen, die sich nicht in den offiziellen Broschüren finden.

- Gute Netzwerke und Kontakte können Fehlbesetzungen bei der Stellenvergabe verhindern.

- Mögliche Kandidaten werden unter realistischeren Bedingungen erlebt, das mindert die Gefahr, gefälschten Zeugnissen oder gut getarnten Blendern aufzusitzen.

- Mentoring ist eine Sonderform des Netzwerkens. Solche Tandems helfen dem Nachwuchs, sich im Berufsalltag zurechtzufinden, und gewähren den erfahrenen Mentoren Einblicke in die Motive der Jüngeren.

# VIII

## Ohne Distanz geht es nicht

*Wer nicht richtig faulenzen kann,*
*kann auch nicht richtig arbeiten.*
Sizilianisches Sprichwort

Gewinne zu maximieren und krisengeschüttelte Unternehmen zu beraten, dafür werden Manager bezahlt. Das ist ihr Beruf. Nur beim Krisenmanagement in eigener Sache versagen sie mitunter. Vokabeln wie Burn-out-Syndrom oder psychische Blockade geistern nicht nur über die Flure der Führungsetagen. Das Thema der Begrenztheit blenden Aufsteiger gerne aus.

Wer viel schafft, muss viel Kraft haben. Die haben aber nicht alle: Ein Viertel bis ein Drittel aller Berufstätigen leiden ernsthaft unter Stress bei der Arbeit. Der Gesundheitswissenschaftler Lutz Hertel sagt, dass die Zahl der Arbeitsausfälle wegen psychischer Erkrankungen zwischen 1997 und 2003 um 50 Prozent gestiegen ist. Im Jahr 2003 sind allein durch depressive Krankheiten 18 Millionen Arbeitstage ausgefallen. An Rückenproblemen leiden inzwischen mehr junge als ältere Menschen, sie plagen keine orthopädischen Ursachen, sondern Verspannungen, ganz so, als könnten sie die Belastungen nicht mehr tragen. Kein Wunder, dass das Schlagwort von der Work-Life-Balance durch die Ratgeberliteratur wabert und Heerscharen von Karriere-, Ernährungs-, Sport- und Beziehungsberatern beschäftigt.

**Permanente Verfügbarkeit**

Das hat vielfältige Gründe. Den Arbeitsmarkt angespannt zu nennen, das ist bei fünf Millionen Erwerbslosen noch geschönt. Die Belastungen potenzieren sich, neue Technologien bringen neue Vernetzungsmöglichkeiten und verschärfen den Druck, der tagtäglich auf den Berufstätigen lastet: E-Mails, Handys, Videokonferenzen – in die sich immerhin 2 Prozent der Vielbeschäftigten einschalten – erhöhen die permanente Verfügbarkeit. Ein Unternehmensgrundsatz von McKinsey lautet: Client first, firm second, self third. Auch in den Topkanzleien wird nicht auf die Uhr geschaut, auch nicht Freitagabend um 22 Uhr. Kunden, die astronomische Beraterhonorare zahlen, haben den Rundumservice mitgebucht. Das sind die Spielregeln. Was, Sie weigern sich, das dritte Wochenende in Folge zu arbeiten? Hören Sie mal, draußen vor der Tür stehen Hunderte, die Ihren Job mit Kusshand nähmen … Die angespannte Lage erhöht die Erpressbarkeit.

Jung und hungrig

Theoretisch wissen potenzielle Aufsteiger, dass sie harte Zeiten zu bewältigen haben. Und theoretisch ahnen sie, dass das mit einem erfüllten Privatleben schwer kompatibel ist. Die schwedische Marktforschungsgesellschaft Universum hat eine Umfrage unter rund 1.400 MBA-Studenten an 16 europäischen Universitäten in Auftrag gegeben. Ein Ergebnis: Das Gleichgewicht von Privat- und Berufsleben und flexible Arbeitszeiten haben an Bedeutung gewonnen. Trotzdem machen sich die Nachwuchsmanager keine großen Illusionen über ihre Freizeit. Zwar geben sie an, gerne 46 Stunden in der Woche arbeiten zu wollen. Tatsächlich rechnen sie aber damit, durchschnittlich 57 Stunden im Einsatz zu sein. Wenn es dann aber um eine Entscheidung geht, setzen sie Prioritäten. Deutschlandchef Roger Manfredsson erklärt: „Auch wenn die MBA-Studenten angeben, dass sie gerne weniger arbeiten würden – wenn sie zwischen einem Gehalt, das im Branchenvergleich weit vorne liegt, und kürzerer Arbeitszeit wählen müssen, wählen sie auf jeden Fall das bessere Gehalt.“

Sie sind jung und hungrig und wollen sich im Wirtschaftsleben beweisen. Der hektische Berufsalltag bereitet vielen Berufseinsteigern eine Zeit lang durchaus Freude und macht sie stolz. Das straff organisierte Studium, die elende Paukerei haben sich gelohnt. Man ist plötzlich wer und reiht sich bester Dinge in die Schar der wie geklont wirkenden Erfolgreichen ein. Dass viele dieser Business-Schwarzen bei näherem Hinsehen entsetzlich leere Gesichter haben, das können oder wollen die wenigsten erkennen.

> Das neue Leben und Arbeiten in einer Kunstwelt erfordert privat einen hohen Preis

Das neue Leben ist spannend und reizvoll: Die Telefonkonferenz nach Tokio weht einen Hauch große weite Welt in die Auftragsbüros des Pharmaproduzenten in der westfälischen Provinz. Den Freunden abzusagen, weil man eine Konferenz in

Bangkok hat, das lässt die Stimme stolz vibrieren: Nein, man ist leider auf dem Weg zum Flieger. Die Visitenkarte macht sich prächtig und vermittelt noch jedes Mal ein Hochgefühl, wenn man sie zum Vorstellungsritual zückt und überreicht. Natürlich ganz lässig, als habe man das Firmenlogo und seinen Namen mit dem arrogant klingenden englischen Zusatz schon ein Leben lang besessen. Und zärtlich streichelt der Blick den Firmenwagen, den man sich immer schon gerne geleistet hätte. Die obere Mittelklasse steht einem doch sehr gut. Dass das Sein das Bewusstsein bestimmt, diesen großen Satz der Philosophie hat man zum ersten Mal begriffen, als man vom klapprigen, mühsam zusammengesparten Studentenauto – eine Karre, die bevorzugt bei schlechtem Wetter in der Pampa stecken blieb –, in den geschmeidigen Viertürer mit eingebauter Vorfahrt umstieg. Auch der bislang mürrische Tankwart ist nun hilfsbereit zur Stelle. Ein bisschen äußerer Wohlstand – und die Welt ist freundlich gestimmt.

Hochgefühl im Flieger

Die teuren Kongresshotels mit ihrem Zimmerservice und den verführerischen Frühstücksbüfetts sind nach Jahren zerkochtem Mensaessen ein Genuss. Man nimmt wohlig-weich in der Business Class Platz, die eingekeilte Sitzstarre im Billigflieger an der Hunsrück-Höhenstraße ist Geschichte. Statt mit den üblen S-Bahn-Gerüchen zu hadern und von Schweißflecken umringt zu sein, winkt man beschwingt ein Taxi heran. All das ist hocherfreulich. Wenigstens in der ersten Zeit. Berufseinsteiger lassen sich von diesen Extras betören und nehmen gerne dieses schöne Schmerzensgeld für versiegende Sozialkontakte. Denn diesen Mechanismus haben sie in den Einstiegsmonaten noch nicht durchschaut.

Schmerzensgeld

Klar, dass der Weg schnurstracks weiter nach oben führen soll. Enthusiastisch stürzen sich die Neulinge in Nadelstreifen in ihren anstrengenden Alltag in der Elitekanzlei oder der exquisiten Unternehmensberatung. Irgendwann stellen sie dann ernüchtert fest, dass nichts umsonst ist. Der berufliche Aufstieg geht auf Kosten eines privaten Lebens und seiner unbeschwerten Gestaltung.

Fortan ist der Lebensrhythmus den Bedürfnissen der Geschäftskunden unterworfen. Also vollkommen fremdbestimmt: Der Kunde aus Los Angeles will die Expertise morgen früh auf dem Tisch haben? Wie spät ist es jetzt da unten? Keine Frage, das gibt eine Nachtschicht. Das Treffen beginnt um neun Uhr auf dem Flughafen in Zürich, die Maschine ist schon ausgebucht? Nun denn, dann nehmen wir den Nachtzug um vier Uhr. Heute geht es nach Newport Beach an die amerikanische Westküste, zwei Tage später findet schon ein Meeting in Dublin statt. Erst die Woche danach ist ruhiger Stalldienst im Berliner Büro angesagt, um das Liegengebliebene aufzuarbeiten – aber da kommt noch die Anfrage aus Sofia herein. Potenzielle Kunden warten nur ungern. Wer übernimmt den Termin? Natürlich der Neue.

**Einsame Nächte**

Fürs „Liegengebliebene" bleibt ja noch das Wochenende, das heißt der Sonntagmorgen, denn mittags sitzt man bereits im nächsten Flieger. Um die Welt zu reisen, das hört sich nach großartigem, firmenfinanziertem Sightseeing an. Ist es aber nicht. Zu sehen bekommen die Führungskräfte meist nur den Bahnhof, den Flughafen, ein Kongreßzentrum, auf dem Weg dorthin können sie aus dem Taxifenster flüchtige Eindrücke der fremden Städte erhaschen. Die Nächte in den Hotelzimmern sind einsam. Mahlzeiten alleine munden nicht. Meist findet man sich abends in der Hotelbar ein und trifft auf nicht minder frustrierte Kollegen aus aller Welt. Oder es wird einfach weitergearbeitet, um den nächsten Tag vorzubereiten. Jetlag hat der enge Zeitplan nicht vorgesehen. Fazit: Das Leben und Arbeiten findet in einer Kunstwelt statt.

**Schluss nach zwei Jahren**

Der vierunddreißig Jahre alte Volkswirt einer unter Hochschulabsolventen heiß umschwärmten Unternehmensberatung hatte an jenem Morgen beschlossen, die Firma zu verlassen, als er in einem Hotel aufwachte und nicht mehr wusste, in welcher Stadt er eigentlich war. Dabei hat er mit seinen fünf Jahren Firmenzugehörigkeit als Unternehmensberater die Statistik unterhöhlt: Die durchschnittliche Verweildauer in renommierten Unternehmensberatungen beträgt gut zwei Jahre.

Selig, wer eine stabile Partnerschaft aufgebaut hat, die diese Pendelbeziehung loyal erträgt. Viele Bindungen gehen aber unter solch einem fremdbestimmten Leben in die Brüche. Denn an erster Stelle kommt jahrelang die Firma. Verbindliche Absprachen sind selten möglich, Theaterabonnements verfallen, gemeinsame Freunde gehen verloren. Erst wenn sich die Partnerin oder der Partner verabschiedet haben, erkennen die Betroffenen, dass es wenig erfüllend ist, sich abends an seine Visitenkarte oder seinen Kontoauszug zu kuscheln – und stehen dort noch so eindrucksvolle Dinge drauf.

Das private Leben zu stabilisieren erfordert eine konsequente Haltung auch dem Chef gegenüber

Diejenigen, die den permanenten Leistungsdruck länger und bester Dinge aushalten, die verfügen einerseits über eine gewisse innere wie äußere Robustheit – und sei es nur die Fähigkeit, im Flugzeug oder in der Bahn fehlenden Schlaf nachzuholen. Und sie haben in der Regel ein erfülltes privates Leben. Dieser Ausgleich ist überlebensnotwendig. Ein Grund für Personalleiter, sich mehr oder weniger diskret nach dem Privatleben der Bewerber zu erkundigen. Selbstverständlich gibt es für diese arbeitsrechtlich heiklen Fragen noch andere Motive: Wer schulpflichtige Kinder hat und dabei ist, eine Immobilie anzusparen, der ist für die Firma insofern verlässlicher, weil er hoch motiviert sein muss, seine finanzielle Situation zu sichern. Härter gesagt: Er ist erpressbarer. Sich eine neue Stelle in einer anderen Stadt zu suchen, diese Flexibilität verhindert die Familie. Nach einer Umfrage einer Hamburger Partneragentur trifft das Klischee vom Single, der seine Nächte im Büro verbringt, nicht zu. Es sind die Familienväter, die überdurchschnittlich lange arbeiten.

**Wochenenden sind heilig**

Das private Leben zu stabilisieren, erfordert eine konsequente Haltung, die sich all diejenigen aneignen sollten, die beständig erfolgreich sein möchten: Die Zeit der Wochenendeinsätze muss begrenzt sein. Die Wochenenden sind heilig und für die Familie reserviert. Daheim wird der Laptop verbannt und die Zeit intensiv mit Frau und Kindern verbracht. Private Absprachen werden so zuverlässig eingehalten wie Zusagen im Job – zu dieser Einstellung kann man sich und auch seinen Vorgesetzten erziehen. Denn ist der Chef nicht ganz verbohrt, dann schätzt er eine klare Regelung mit der Aussicht, einen Mitarbeiter auf Dauer zu binden, der sowohl Berufs- als auch Privatleben gut managen kann.

Nein, der späte Mittwochnachmittag ist freigehalten für den Nachwuchs, vielleicht nicht immer, aber immer öfter. Ändert man sich selbst, dann ändert sich die Umgebung auch.

Für unentbehrlich halten sich nur unsichere Menschen, die mit ihrer Dauerpräsenz ihre eigene Wichtigkeit immer und immer wieder beweisen möchten und Ausreden über Ausreden erfinden, weshalb sie keine Zeit fürs Private nehmen können. Gerade diese emsigen Arbeiter sollten sich eines nüchtern bewusst machen: Workaholics, die dann auf der Intensivstation stranden, ernten selten aufrichtige Anteilnahme, oft aber Kopfschütteln und Vorwürfe – wieso hat er oder sie denn auch nichts gesagt und auf die Bremse getreten?

### Hobbys bedeuten mehr als nur Lebensgenuss und körperliche Entspannung

Prioritäten setzen, das gilt auch für einen weiteren Bereich, dessen Bedeutung viele Menschen in der Anfangsphase ihres Berufes chronisch unterschätzen und später einfach ignorieren – manchmal bis zum Zusammenbruch: Hobbys, die Lebensgenuss bedeuten und körperliche Entspannung. „Du musst dir ein zweites Leben bauen. Du musst dich als Privatmensch selbst promovieren, vorantreiben“, sagt der Bochumer Wirtschaftspsychologe Hagen Seibt.

Einige Firmen haben das erkannt und schauen sich in Bewerbungsbögen auch aufmerksam die Freizeitsparte an. „Warum soll eine Führungskraft nicht nebenher Feuerwehrhauptmann auf dem Dorf sein?“, fragt der Berater. Entscheidend sei, dass das Hobby Entspannung und Vergnügen bereitet. Gerade dann, wenn die Überstunden kein Ende zu nehmen scheinen und Manager in den Hörsturz oder Herzinfarkt zu treiben drohen, dann muss Zeit fürs Abstandhalten bleiben.

Während der eine durch die Wiesen läuft, findet der andere Entspannung beim Sträucherpflanzen oder Zucchinischnippeln. Worum es geht: Zwischenzeitlich das Gehirn abschalten und etwas mit den Händen oder Beinen tun – und zwar ohne jeden Leistungsdruck. Das Laissez-faire-Prinzip unterlaufen aber all jene Waschbrettbauchfanatiker, die die herrliche Sache mit dem Sport so ernst nehmen, dass sie sich hier wieder in ein strammes Korsett zwängen: Fröhlich durch die Wälder laufen, das reicht nicht. Her mit der Pulsuhr und dem optimalen Pensum. Warum sehen Jogger oft so unglücklich aus? Darum ermahnt ein geschäftstüchtiger deutscher Fitnesstrainer, das Tempo so zu drosseln, dass noch ein Gespräch mit den Mitläufern und ein entspanntes Lächeln möglich sind. Stattdessen wird verbissen für den Marathon trainiert und schweißgebadet dem neuen Rekord entgegengehechelt. Solcher Leistungsdruck ist eines ganz gewiss nicht: gesund.

Tempo drosseln

Möglicherweise führt der Volkswirt, der sich zum Couchpotatoe-Image bekennt, ein besseres Leben. Er erledigt viel zu Fuß, eilt täglich schwungvoll seine vier Stockwerke hoch und macht es sich dann zweimal die Woche nüsseknaspernd vor dem Fernsehkrimi gemütlich. Was er vor allem begriffen hat: Freizeitstress ist etwas Fürchterliches, ein abgeschaltetes Handy kann eine Wohltat sein.

Gesundes Spinnertum

Es ist noch gar nicht lange her, dass Manager, die sich mit meditativen Zen-Übungen entspannen und Kraft schöpfen wollten, milde belächelt und in der Esoterikecke abgestellt wurden: Sitzen in Versunkenheit und das bewusste Denken möglichst ausschalten, indem der Meditierende seine Atemzüge zählt – solcher asiatische Schnickschnack befremdete in der toughen Businesswelt. Die Frage, wo bleibt der Mensch im Manager, die wurde weiträumig gemieden. Aus Angst vor Vorurteilen über weltabgewandtes Spinnertum verheimlichten Führungskräfte die Meditationsübungen.

Die Seminarspalten zur Sinnsuche für Führungskräfte sind indes längst gut gefüllt. Langsam bricht die Tabuisierung auf. Nicht immer ist die Läuterung auf neue geistige Einsichten zurückzuführen, sondern auf die praktische Erkenntnis: Lieber einen meditierenden Manager, der die Dinge im Griff hat, als ein ausgebranntes Nervenwrack im Unternehmen. Und dass der Blutdruck durch regelmäßige Meditation sinkt, das ist wissenschaftlich längst erwiesen. Solche Fakten überzeugen auch in der Zahlenwelt.

## Sich Zeit genehmigen, wenn es keine Zeit gibt, und im knüppeldicken Stress eine Runde um den Büroblock drehen

Die Strategie der kleinen Schritte bringt schon einiges an Gutem auf den Weg. Selbst niedrig dosiert, dämpft körperliche Aktivität den Stress. Mal eine U-Bahnstation früher aussteigen und zu Fuß ins Büro gehen. Dort dann den Aufzug ignorieren und die Treppe wählen. Marathon durch das Treppenhaus eines Frankfurter Bankenturms ist jedes Jahr in der Mainmetropole ein originelles Sportspektakel, das von anderen Städten aufgegriffen worden ist – frei nach dem legendären New Yorker Vorbild. Täglich seine fünf Stockwerke ins Büro zu erklimmen, ist ein Anfang, stabilisiert den Kreislauf und erhöht die Kondition. Schon der kurze Spaziergang in der Mittagspause ist ein vernünftiges Entspannungsritual. Das aber gönnt sich nur ein Drittel der Erwerbstätigen. Die anderen verlassen ihren Arbeitsplatz in der Mittagspause nicht. Ein weiteres Drittel genehmigt sich überhaupt keine Pause, die übrigen krümeln ihr pappiges Brötchen über der Computertastatur oder wärmen sich nur schnell die Nudeln vom Vorabend in der Mikrowelle auf. Bloß schnell zurück an den Schreibtisch. Auf Dauer füllt dieses Verhalten die Sprechstundenzimmer und nährt Internisten. Ausreden, die halbe Stunde mittags um den Block sei nicht drin, sind wirklich nichts anderes als vorgeschobene Entschuldigungen.

Selbstverständlich gibt es die berüchtigten Großkampftage – wohl auch ein Fehler der Chefetage –, an denen jede Viertelstunde zählt. Aber wenn das keine Ausnahmetage bleiben, dann lässt demnächst das Magengeschwür grüßen.

**Der Blick aus dem Fenster**

Die wirklich großen High Flyer leben eine andere Strategie nach der Devise, wenn du keine Zeit hast, dann gehe langsam. Objektiv haben sie keine Zeit, nehmen sie sich aber: Gerade im knüppeldicken Stress leisten sie sich eine kurze Auszeit, gehen in Seelenruhe in die Kaffeeküche und starren aus dem Fenster. Einfach nur so. Danach geht die Arbeit doppelt so schnell von der Hand. Das Durchatmen verhilft zu besseren Entscheidungen. Rettungsflieger werden ausdrücklich dazu angehalten, kurz innezuhalten, um einen kühlen Kopf zu bewahren – denn später geht es dann in Sekunden um Leben und Tod.

> Nicht jeder ist morgens schon in Hochform, um komplizierte Akten zu studieren

**Eigener Arbeitsrhythmus**

Wer seinen individuellen Arbeitsrhythmus kennt, der schenkt sich Zeit. Morgenmuffel, die um acht Uhr noch im Wachkoma sind, sind nicht gut beraten, am frühen Vormittag die komplizierten Fälle zu lösen. In der Phase, in der der Morgen für sie noch ein Grauen ist, erledigen sie besser Routinearbeiten und machen die notwendige Ablage. Diese so genannten Eulen-Typen werfen ihren Motor langsam an, laufen aber vom Mittag an – wenn die Biorhythmuskurve der Kollegen im Tagestief dümpelt – zur Hochform auf. Sie müssen sich nach dem Kantinengang nicht mit dem dritten Espresso einen Koffeinschub einverleiben. Ihre gute Zeit ist jetzt gekommen: Konzentriert arbeiten sie eine Akte nach der anderen ab. Der übliche Ratschlag, sich lieber sofort zu Beginn des Tages alles Unangenehme vorzunehmen, weil das mit Stolz erfüllt und für weitere Taten beflügelt, ist für diesen Menschentyp kontraproduktiv.

Das ist schon eher etwas für Morgenmenschen, in der Literatur Lerchen genannt. Sie brauchen keinen Wecker und sollten darüber nachdenken, ob sie nicht im Sommer Lust haben, um sieben im Büro zu sitzen und dann früher zu gehen. Solchen individuellen Lösungen stehen feste Bürozeiten, Stechuhren und unflexible Chefs entgegen – aber ein Versuch sind sie wert. Schließlich gibt es in jedem Beruf Tage, die nicht in ein strammes Terminkorsett gezwängt sind und gewisse gestalterische Freiräume lassen. Diese gilt es auszunutzen. Und wie sagt ein Bonner Journalistenkollege trotzig: Wir haben schließlich unseren Kopf und nicht unseren Hintern vermietet.

Obgleich die meisten Freiberufler deutlich mehr arbeiten als die Angestellten, leiden viele von ihnen weniger unter Anzeichen von Stress. Wenn endlich der erste betörende Frühlingstag lockt, dann geht es eben mittags eine Runde an den Waldsee und erst danach wieder frisch gestärkt an den Eilauftrag des Stammkunden. Erfolgreiche Freiberufler haben das wohltuende Gefühl, in weiten Teilen nicht fremdbestimmt zu arbeiten. Solche Freiräume stimmen zufrieden und befördern gute Einfälle – und das wiederum finden viele Kunden unwiderstehlich.

Über stabilen beruflichen Erfolg entscheidet also auch die Parallelwelt, in der andere Maßstabe zählen, als sie im Arbeitsleben gefordert sind. Von wem man das Abschalten lernen kann? Von Kindern und ihrem selbstvergessenen Spiel. Sie erreichen jeden Tag das, was große Würfe erst möglich macht: das Gefühl des Flows. Also der großartige Zustand, über einer fesselnden Aufgabe Raum und Zeit zu verlieren und völlig in einer Tätigkeit aufzugehen.

> Die Droge Arbeitssucht ist gesellschaftlich anerkannt und wirft die Ehrgeizigen und Idealisten aus der Bahn

**Die Familie nicht vergessen**

Familie und Freunde verlangen Zeit und Zuwendung. Emsige Ehrgeizlinge vergessen das häufig und können in eine fatale Spirale geraten. Die Zahl der Workaholics wächst stetig. Diese Sucht ist gesellschaftlich nicht geächtet. Im Gegenteil: Wer viel schafft, der hat viel Ansehen und wird nicht nur vom Chef gelobt. Schwierig wird es aber dann, wenn Abschalten nicht mehr möglich ist. Fatalerweise sind das schleichende Prozesse, die wie Gift ins angekratzte Privatleben träufeln. Das Grillfest wird kurzerhand abgesagt, an dem Wochenende muss die Kostenkalkulation unbedingt noch raus – Bilderbuchwetter hin oder her. Die zweite Einladung wird irgendwie verbaselt, der Rückruf gerät unter „ferner liefen", das heißt, er erfolgt nie. Und auch der dritte wackere Versuch der Freunde, den Gefährten alter Studententage hinter dem Computer hervorzulocken, läuft ins Nichts des Anrufbeantworters. Kurz kommunizieren noch die Maschinen miteinander, dann ist endgültig Schicht im Schacht. Irgendwann gibt es keinen Freundeskreis mehr. Also auch keine Auffangstation für Krisen im Job oder seelische Tiefs.

Sich solche Auszeiten bewusst zu gönnen, das verspricht auf längere Sicht auch erholsamere Urlaube. Denn irgendwann haben Manager das Abschalten so verlernt, dass sie weder in der Freizeit, geschweige denn in den Ferien von ihrem hohen Stresslevel hinunter können – das Geschäftshandy bimmelt auch noch an der Strandbar. Das ist der Leasure-Effekt. Im Kleinen führt das der Körper vor: Die Leistungsträger können es sich nicht leisten, oder meinen, sie könnten es sich nicht leisten, unter der Arbeitswoche krank zu werden. Sie halten noch bis Freitagabend durch und liegen dann Samstagmorgen mit Grippe im Bett.

> Die Betroffenen merken nicht, wie „ausgebrannt" ihr Körper und ihre Seele bereits sind

Dabei basiert das, was sich ein glückliches Leben nennt, auf drei Säulen: einer erfüllten Partnerschaft, einem loyalen Freundeskreis, einer sinnstiftenden Arbeit. Bricht eine der drei Säulen weg, ist das nicht gut, aber noch so gerade eben steuerbar. Brechen zwei dieser Pfeiler fort, dann wird es bedrohlich eng. Bei Burn-out-Patienten sind oft alle drei Säulen eingestürzt. Sie sind „ausgebrannt" und haben geschuftet bis zum körperlichen und seelischen Zusammenbruch. Was tückisch ist: Es ist ein schleichender Prozess, der sich oft über lange Jahre dehnen kann. Die Betroffenen stecken mittendrin und merken es nicht, sagt Andreas Weber, Professor für Arbeits- und Sozialmedizin, der das Burn-out-Thema schon erforscht hat, als es noch kein in Mode gekommenes Schlagwort war. Irgendwann ist der Akku völlig leer und die Energie fehlt, all die versandeten sozialen Kontakte zu revitalisieren.

**Fatales Verantwortungsgefühl**

Krank werden die Engagierten. Diejenigen, die sich für ihren Beruf begeistern, die sich in hohem Maß mit ihrer Tätigkeit identifizieren, darin Sinn und Selbstverwirklichung finden und ein ausgeprägtes Verantwortungsgefühl besitzen. Also all jene Führungskräfte, Ärzte, Lehrer, die sich 120-prozentig für das Wohl ihrer Mitarbeiter, Patienten und Schüler einsetzen. Gefährdet sind auch Menschen in sozialen und pflegerischen Berufen, die sich für andere aufopfern und am Helfersyndrom leiden. Wer sich hingegen entspannt durchhangelt, bis er um 16.29 Uhr seinen Computer herunterfahren kann, der läuft nicht Gefahr, an Burn-out-Symptomen zu erkranken.

Neben komplexen Wechselwirkungen lässt sich das Burn-out-Syndrom durch drei Elemente charakterisieren: emotionale Erschöpfung, Dehumanisierung und Zynismus und schließlich eine verminderte Leistungszufriedenheit. „Weitgehende Einigkeit besteht heute darin, dass Distress, also negativer Stress, ein Schlüsselphänomen in der Entstehung des Burn-out darstellt", sagt der Arbeitsmediziner Andreas Weber.

Gefahr für Idealisten

Nur wer brennt, kann ausbrennen, dieser populistische Spruch ist dem Mediziner, der zu dem Thema Vorträge hält, zu oberflächlich. „Der vor dreißig Jahren in den Vereinigten Staaten geprägte Begriff Burn-out wird heute geradezu inflationär benutzt. Nicht jede Müdigkeit ist gleich ein Krankheitszeichen." Gleichwohl hat der Sozialmediziner an Studien mitgearbeitet, die zu ernüchternden Ergebnissen führen: Bis zu 30 Prozent der Lehrer und 10 bis 20 Prozent der Ärzte leiden an ernsthaften Burn-out-Symptomen. Seriöse Untersuchungen zu Managern gibt es bisher nicht. Fest steht, trotz aller Mythenbildung, dass eher die Fleißigen, die Idealisten, wohl auch die Ehrgeizigen zum Ausgebranntsein neigen.

Im Hamsterrad

In Zeiten, in denen Strukturkrisen ganze Branchen beben lassen, steigt die Zahl der chronisch Überarbeiteten. Die Situation ist fatal: Kollegen sind entlassen worden, die Arbeit aber ist dieselbe geblieben. Insgesamt werden die Arbeitsabläufe komplexer und schneller. „Hurry Sickness" nennen das die Amerikaner. So sitzen in den Wartezimmern der Ärzte hoch dotierte Bankmanager, die die Kündigung gerade noch überlebt haben, aber „einfach nicht mehr können" und über diffuse Erschöpfungssymptome klagen. Nicht selten sind diese Übriggebliebenen psychisch angeschlagen durch das Damoklesschwert drohender Arbeitslosigkeit. Auch deshalb strampeln sie im Hamsterrad, anstatt öfter mal nein zu sagen. Andreas Weber diagnostiziert solche Entwicklungen auch „als Krankheit einer Gesellschaft, in der die Angst vor Instabilität umgeht". Also die Sorge, ob morgen der eigene Arbeitsplatz wegevaluiert ist, und die Furcht, dass die Liebesbeziehung wieder nur eine Übergangslösung ist. Diese Instabilität belastet auch diejenigen, deren Stelle scheinbar sicher ist, nämlich die Chefs: „Die Aussicht, Personal abbauen zu müssen und Kollegen zu kündigen, die macht Führungskräfte fertig."

Überforderte Führungskräfte können aber mit verursachen, dass Menschen an Burn-out erkranken. Denn solche Manager,

Chefärzte oder Direktoren lösen bei einsatzfreudigen Untergebenen nicht selten eine Gratifikationskrise aus. Sie würdigen den Einsatz ihrer Angestellten nicht, spenden kein Lob, geben gar keine Rückmeldung. Mitarbeiter werden so nicht motiviert, vor allem keine besonders einsatzfreudigen. Selbst ein kritischer Kommentar zu einem Projekt wäre sinnvoller als gar keine Reaktion. Der Mediziner ist überzeugt: „Schon ein höflicher Umgang miteinander ist effektiv. Ein gutes Betriebsklima zu schaffen, das ist die beste Burn-out-Prävention."

> Die Bank absorbiert die ganze Energie und ist längst zum Sinnstifter im leeren Leben geworden

Eine typische Burn-out-Patientin ist Eva B. Den Schulalltag empfindet die Gymnasiallehrerin inzwischen wie eine Bleiweste, ihre fünf Stunden Unterricht montags erlebt sie wie eine 38-Stunden-Schicht. Die einfachsten Dinge bewältigt sie nicht mehr, die Alltagsroutine überfordert sie. Lässt ein Schüler seinen Füller fallen, schreit sie ihn an. Die Pädagogin aus Fürth hat mit Englisch und Deutsch korrekturintensive Fächer. Sie möchte alles gut, gründlich und gerecht machen und scheitert an diesen Ansprüchen. Angestrengt hetzt die Neununddreißigjährige durch den Tag, nachmittags müht sie sich um die Theater-AG, abends brütet sie über Aufsätzen. Wie ein „fauler Sack" wirkt die Lehrerin nicht. Der Direktor merkt von alldem nichts. Kein Wort zu B.s kollegialen Vertretungen, kein Wort zur Miller-Inszenierung, kein Wort zu all den Überstunden. Längst ist Eva B.s Stress chronisch geworden und bleibt unbewältigt. Das erste Kriterium zur Entstehung von Burn-out ist erfüllt.

**Erwartung versus Realität**

Der zweite Gefahrenpunkt sind die Wechselwirkungen zwischen Arbeitsplatz und Individuum, das heißt, die Personenmerkmale passen nicht zu den Organisationsmerkmalen. Die Fachleute sprechen von „Person Environment Misfit". Auf gut deutsch: Die sensible, intellektuell wachsame Anglistin wäre an der Hochschule womöglich besser aufgehoben. Mit der Tretmühle Schule und den pädagogischen Herausforderungen aufmüpfiger Jugendlicher kommt sie nicht zurecht. Das führt unweigerlich zum dritten belastenden Kriterium: Zwischen Erwartung und Realität ist eine große Diskrepanz.

Eva B. ist ernsthaft erkrankt und leidet unter mentalen wie psychischen Erschöpfungszuständen. Alles ist ihr inzwischen zu viel geworden. Antriebsdefizite und Persönlichkeitsveränderungen wie Interesselosigkeit führen dazu, dass sie ihre Wochenenden auf dem Sofa vertrödelt. Schlafstörungen, unerklärbare Durchfälle, verstörende Blutdruckschwankungen, ständige Erkältungen – die Liste ihrer offenbar psychosomatischen Reaktionen ist lang. Innerlich hat sie längst gekündigt.

Diese mentale und körperliche Dauerschlappheit ist gefährlich und rückt in Richtung Depression. Dann beginnt eine Odyssee durch die Praxen, eine gezielte Diagnostik erfolgt meist spät. Manchmal zu spät. So dass Burn-out-Kranke nicht nur hoch suchtgefährdet sind, sondern immer wieder krank werden, ausfallen und schließlich einen Antrag auf vorzeitige Dienstunfähigkeit stellen müssen. Chronifiziertes Leiden hat aber eine schlechte Rehabilitationsprognose.

### Seit die Abteilung mehrfach umstrukturiert wurde, stimmt die Chemie zwischen den Kollegen nicht mehr

Gisela K. ist ein weiterer typischer Fall. Sie ist dreiundvierzig Jahre alt und Abteilungsdirektorin einer großen Bank. Nach einem halben Dutzend Umzügen und Tingeleien durch die deutsche Provinz hat sie vor zehn Jahren ihren Schreibtisch im repräsentativen Frankfurter Bankenturm bezogen, wo sie arbeitet, wenn sie nicht gerade in Paris oder Basel konferiert oder ihren Chef in die Vereinigten Staaten begleitet. Ihre Wohnung im Taunusvorort, schick, aber anonym, dient vorrangig als Übernachtungsquartier und Basislager für den Wäschewechsel. Der Zwölf-Stunden-Tag darf auch mal etwas länger dauern. Gisela K. ist zuverlässig zur Stelle und wird nicht beeinträchtigt durch Zeiträuber wie einen Partner, geschweige denn ein Kind. „Wo soll ich überhaupt einen Mann kennen lernen?“, hat sie schon früh mit verkrampfter Lässigkeit kokettiert, wenn sie zur Eigenheim- und Babypräsentation bei Studienfreunden eingeladen war. Diese Kontakte sind längst versiegt.

Die Bank absorbiert die ganze Energie und ist zum alleinigen Sinnstifter im Leben geworden. Verschärfend kommt hinzu, dass ihre Abteilung mehrfach umstrukturiert wurde, seither stimmt die Chemie zwischen den Kollegen nicht mehr. Misstrauisch beäugt jeder jeden bei der Revierverteidigung. Gisela K.s fatale Strategie im Karriereklüngel: Sie steckt den Kopf tiefer in die Aktenberge, wagt nicht mehr, etwas zu delegieren und legt bei ihrem Arbeitspensum noch nach. Ein bisschen Bummelantentum stünde der blassen blonden Frau gut, aber sie ist längst in die Arbeitssucht abgerutscht. Dieses Schicksal teilt die schmale Hamburgerin mit bis zu 200.000 Deutschen. Unter der Krankheit leiden rund 25 Prozent der Manager und Freiberufler, bei denen die Grenzen zwischen dem Zuhause und dem Arbeitsplatz völlig unscharf geworden sind.

Unscharfe Grenzen

Als sich die Arbeitssucht langsam in Giselas K.s Leben schlich, da war sie willkommen: Die kleinbürgerlichen Eltern lobten die Leistung der einzigen Tochter, beseelt von dem Gedanken, dass es das Kind zu etwas gebracht hat. Der Freund war stolz auf die Erfolgsfrau, die sich für ihn, den mäßig Ehrgeizigen, entschieden hatte. Dann gewann die Sucht an Eigendynamik. Die Eltern haben sich daran gewöhnt, dass die Tochter nur hektisch auf Kurzbesuch weilt, und genießen egoistisch den gemeinsamen Urlaub, den Gisela K. mangels eigener Sozialkontakte mit ihnen verbringt. Der Freund hat sich zuerst abgeschoben gefühlt und dann folgerichtig verabschiedet. Seine Lust, sich spätabends grüblerische Zahlenbeispiele über effektive Fondsfinanzierungen anzuhören, war begrenzt. Er hat Schluss gemacht mit einer Frau, die keinen Feierabend kennt und Arbeit längst als Mittel zur Flucht vor Konflikten benutzt. Die chronisch erschöpfte Volkswirtin ist inzwischen das, was Romanautoren „früh verblüht" nennen. Sich schlecht zu fühlen ist ein Dauerzustand, der Zusammenbruch wohl eine Frage der Zeit.

> Als Kind hat sie gelernt: Gelobt wird nur der, der Leistung bringt – heute gehört sie zur Risikogruppe

Gisela K. ist anfällig für diese Zivilisationskrankheit. Sie gehört zur Risikogruppe der sozialen Aufsteiger und hat zudem als Kind gelernt, dass sie nur dann gelobt wird, wenn sie Leistung bringt: Ihre Versagensangst sitzt tief.

Der Wirtschaftspsychologe Hagen Seibt nennt Beispiele aus der IT-Branche. Dort wirbeln hochgradig motivierte Jungakademiker, angelockt von 4.000 Euro Anfangsgehalt, die freudig vor dem Bildschirm picknicken und das Büro als ihr Zuhause ansehen. „Die arbeiten 24 Stunden fürs Projekt, unterbrochen von ein paar Stunden Schlaf, und vergessen, dass es Freunde gibt und einen Unterschied zwischen einem Dreirad und einem Mädchen. Das sind emotional verarmte Leute. Außerdem ist nach fünf Jahren deren Know-how abgeschöpft."

Tückisch sind die fließenden Übergänge. Selbstverständlich gibt es bei vielen Menschen Phasen höchster beruflicher Anspannung, die wohltuend und selbst bestimmt sind. Ist das Projekt, etwa eine Geschäftsgründung, gestemmt, folgt ein ruhiger Abschnitt. Der Akku wird wieder aufgeladen, neue Ideen entstehen. Ohne Seelebaumelnlassen keine Kreativität – schon diese Formel widerlegt die Mär von der angeblichen Leistungskraft und Effektivität von Workaholics. Diesen gesunden Müßiggang gönnt sich ein Arbeitssüchtiger nicht.

**Schleichende Bedrohung**

Tückisch ist das Schleichende dieses Ausbrennens. Die Batterien machen langsam schlapp. Zunächst stürzen sich die Mitarbeiter ja mit Schwung in die Arbeit, Überstunden, Wochenendschichten, alles kein Problem. Soziale Kontakte pflegen Burn-out-Gefährdete fast nur noch über den Beruf – doch solche Beziehungen sind so schnell zu Ende, wie sie entstanden sind.

Und die Prophylaxe? Dafür hat die Beraterbranche das Wort Work-Life-Balance erfunden. Ein zweites Stichwort lautet „Downshifting" und meint, einen Gang herunterzuschalten. Gerade Freiberufler und Ich-AGler müssen diesen Umgang mit ihren Ressourcen lernen. „Wer rastet, rostet nicht" ist ein Fachartikel von Andreas Weber überschrieben, der zeigt, dass konzentriertes Faulsein sehr gesund sein kann. Wer auf soziale Unterstützungssysteme vertrauen kann, der ist weniger gefährdet zu erkranken. Denn wer ausgebrannt ist, der merkt es mitunter als Letzter.

Tauchen unklare Symptome auf, dann ist eine Selbstdiagnose heikel. Denn es können sich auch hormonelle Störungen oder

Tumorerkrankungen dahinter verbergen. Frauen scheinen übrigens häufiger am Burn-out zu erkranken als Männer. Das könnte einerseits an biologischen Voraussetzungen, dem Serotinspiegel im Gehirn und Geschlechtshormonen, aber auch an der Doppelbelastung und den höheren beruflichen Anforderungen liegen, die an Frauen gestellt werden, die aufsteigen wollen. Außerdem gibt es noch einen positiven Aspekt: Das Gesundheitsverhalten von Frauen ist in der Regel umsichtiger. Sie gehen eher zum Arzt, Krankheiten werden also eher entdeckt.

> Ein erfülltes Leben führt sich nicht gut im Konjunktiv, deshalb ist es gut, die privaten Momente hochzuhalten

**Japanischer Tod**

Biografien der Burn-out-Gefährdeten haben bittere Seiten. Ein Gießener Wirtschaftsberater berichtet von einst erfolgreichen Bankmanagern, die im Zuge der Fusionen ihre hoch dotierten Stellen quasi über Nacht verloren haben. Das ist nicht das Einzige, was sie verlieren: Sehr oft gehen die Ehefrauen, die den nicht vorhandenen Partner an ihrer Seite damit kompensiert haben, indem sie regelmäßig seine Kreditkarte zum Glühen gebracht haben. Wenn dieser Luxus aber wegbricht, ist die Krise da. Das Paar hatte sich längst entfremdet, jetzt verliert der Mann alles. Hätte er auf eine bessere Work-Life-Balance geachtet und nicht alle Energie in seine Karriere investiert, wäre das zu verhindern gewesen – zumindest in manchen Fällen. Ein Schritt, um wieder Kontrolle über das Arbeitsverhalten zu erlangen und zu erkennen, dass weniger Arbeit mehr Glück darstellt. In Japan scheint dieser Weg noch weit. In jedem Jahr sterben dort 10.000 Menschen an „Karoshi", dem Tod durch Überarbeitung. Die inoffiziellen Zahlen sind fünfmal so hoch.

Ein sinnvolles Prophylaxeprogramm besteht in regelmäßigem Innehalten. Dabei helfen Gespräche mit Vertrauten und auch mit Außenstehenden wie einem Coach, der die Dinge relativieren kann und eine andere Perspektive einnimmt. Was nüchternen Naturen hilft, das Leben gut auszubalancieren und widerstreitende Welten miteinander zu versöhnen: Bilanz ziehen. Auf einem Zettel notieren, wie es mit den drei Säulen ausschaut, an welcher Säule vermehrt gearbeitet werden muss.

Wer etwas notiert, der verschafft sich eine gewisse Distanz zu den Dingen und auch einen Überblick. Das Tagebuchschreiben fußt auf dieser Erfahrung. Auch bei einem möglichen Jobwechsel kann es die Entscheidung erleichtern, eine Pro- und Contraliste zu erstellen.

Die privaten Momente seines Lebens hochzuhalten, das ist ein schönes Lebensmotto. Auf dem berühmten Fragebogen frei nach Marcel Proust lautet eine Frage: Was würden Sie anders machen, könnten Sie Ihr Leben noch einmal leben? So weit ich erinnere, notiert hier keiner: Ich hätte mehr arbeiten sollen. Die meisten klugen Männer und Frauen sagen: Ich hätte mehr lieben sollen. Eben. Aber ein Leben führt sich nicht gut im Konjunktiv. Deshalb lieber jetzt mit dem Lieben beginnen.

### Neue Perspektiven durch ein Sabbatical – Urlaub XXL mit Rückkehrgarantie in das alte Unternehmen

Kompromisslösung

Ein Drittel der Führungskräfte arbeitet deutlich mehr als 50 Stunden je Woche. Je größer die Ermattung, desto häufiger wird er geträumt: Der Hängematteninseltraum voller Trödeltage konzentrierten Nichtstuns. Zur mehrmonatigen Flucht ins Paradies mit Rückkehrgarantie verhilft ein Sabbatical oder Sabbatjahr. Der Amerikanismus leitet sich vom hebräischen „Sabbat“ ab: dem siebten Tag der Woche, an dem die Arbeit ruhen soll. Ein Urlaub in Überlänge mit Rückkehrgarantie, den immer mehr Firmen ihren Mitarbeitern theoretisch ermöglichen. Wer sich verändern möchte, aber noch nicht den großen Bruch wagt, für den ist das eine Kompromisslösung. Ein freies Jahr, um sich von der Firma, am besten noch vom Heimatland, zu verabschieden und endlich mal das zu tun, was man immer schon einmal tun wollte.

Preis der Heimkehr

Durch die beängstigend hohe Arbeitslosigkeit und die bedrohliche Konjunkturlage wagen diese Auszeit immer weniger. Denn da ist der Arbeitsvertrag vor: Rechtlich besteht nur in Ausnahmefällen ein Anspruch darauf, nach 24 Monaten Freiheit auf dieselbe Stelle zurückzukehren. Die Versetzung in eine andere Abteilung, ein neues Aufgabengebiet – das ist der Preis, den die Heimkehrer unter Umständen zahlen müssen.

Wie gelingt ein solches Jahr? Auch hier bewahrt gründliche Vorbereitung vor Enttäuschungen. Bevor Moskitonetze und exotische Seekarten für die Weltumseglung gekauft sind, müssen nicht eben prickelnde Finanzierungs- und Versicherungsfragen bedacht und gelöst werden.

Das Vergnügen verwalten

Und klare Zielvorgaben für den Urlaub XXL müssen her. Denn nicht alle Sabbatical-Schwärmer zieht es weit fort zu neuen Ufern. Manche wollen endlich ihre Doktorarbeit vorantreiben, ihr rudimentäres Italienisch verbessern oder das Töpferhandwerk erlernen. Auch Vergnügen will verwaltet sein. Ein zentrales Problem bei dieser Auszeit: Sie erscheint anfangs so unendlich lang, aber die Zeit rast unerbittlich. Plötzlich ist das halbe Jahr um, aber die Dissertation rottet vor sich hin und hat sich um kein einziges Kapitel vermehrt.

Um die Enttäuschung saumselig vertrödelter Monate auszutricksen, hilft ein schriftlich fixierter (!) Zeitplan. Die wenigsten bereuen dann dieses geschenkte Jahr. Und vielleicht steht am Ende doch die Erkenntnis, dass es eine solide Lebensbasis ist, auf Lesbos Olivenbäume zu züchten. Wer nur in hinreißenden Coffee-Table-Books schwelgt und mit dem Finger auf der Landkarte reist, der wird das nie herausfinden.

Batterien aufladen

Oliver Göpfert hat sich eine Auszeit genommen. Der große sportliche Mitarbeiter der Unternehmensberatung Roland Berger wollte sich nicht irgendwann einmal vorwerfen müssen, etwas im Leben verpasst zu haben. Während seiner Urlaubsreisen nach Asien hatten die Berichte anderer Weltenbummler den reiselustigen Betriebswirt schon immer begeistert. „Da leckt man Blut, das intensiver zu erleben." Nach dreieinhalb Jahren bei der Unternehmensberatung ist er zu seinem Vorgesetzten gegangen und hat argumentiert: Ich mache einen aufreibenden Job und brauche Zeit, die Batterien aufzuladen. Der Chef verstand und unterstützte die Idee. Ein halbes Jahr später ließ der damals Dreißigjährige Strategieberatung Strategieberatung sein und sah sich mit seiner Partnerin, die auch Kollegin war, die Welt an. „Das war die eigentliche Herausforderung, unsere beiden Auszeiten zu koordinieren." Silvester verbrachte das Paar schon in Daressalam, dann folgte „ein Highlight auf das andere": die Safari durch die Serengeti, die

Trekkingtour durch den Himalaya, das Leben in Radjastan, „bunt, schräg, völlig anders, nicht nur schön und nett, aber faszinierend". Mit lästigen Geldgeschichten mussten sich beide nicht plagen: Sie griffen auf Erspartes zurück und auf die 80/20-Regelung von Berger, bei der man eine Zeitlang 20 Prozent Gehalt aufspart, das während des Sabbaticals überweisen wird. Heimwehgefühle hatten die Reisenden nicht, nur in der Schlussphase wuchs die Vorfreude auf einen frischen Salat im Kreis der Familie. Zurück im Büro hält die gute Stimmung an, bekräftigt Oliver Göpfert: „Man kommt mit viel frischer Lebenslust zurück und hat das Gefühl, etwas ganz Besonders im Leben gemacht zu haben. Zwar holt einen die Routine ein, aber man weiß, es gibt eine andere Option. Das gibt einem immer Hoffnung, auch in scheinbar verfahrenen Situationen."

Leistungsstarke Rückkehrer

Inzwischen wurde eigens ein Sabbatical-Programm eingerichtet, das mindestens einen Monat und maximal sechs Monate unbezahlten Urlaub ermöglicht, natürlich abgestimmt mit dem Mentor und auf die Projektlage. „Die Nachfrage steigt. Es ist ein zusätzliches Benefit für die Mitarbeiter, abgesehen davon, dass es der Work-Life-Balance dient", erklärt Christiane Boock, die den Bereich International Relation und Administration koordiniert. „Wer zurückkommt, ist leistungsstärker. Und es hilft bei der Rekrutierung und macht uns als Arbeitgeber attraktiv. Bewerber fragen nach solchen Möglichkeiten." Die meisten gönnen sich zunächst Ferien, kombinieren die aber dann mit einer Sprachreise oder schaffen sich Freiraum für einen Umzug, die Hochzeit, den Nachwuchs. Viele nutzten die Auszeit auch als „berufliche Standortbestimmung", sagt Christiane Boock.

**Thesen zum Thema der Balance**

Zu einem erfüllten Berufsleben gehört ein stabiles privates Leben. Ein gutes Leben basiert auf drei Säulen: Freunden, Familie und Partner sowie der Arbeit. Bricht eine dieser Säulen ein und wackelt die zweite, dann hat das langfristig verheerende Auswirkungen und schädigt Seele und Körper.

- Phasen hohen beruflichen Einsatzes gehören zum Einstieg dazu und kommen auch zwischendurch immer wieder vor. Das ist nicht bedrohlich, darf aber kein Dauerzustand werden.

- Arbeitssüchtige haben in einer Leistungsgesellschaft ein hohes Sozialprestige. Gerade die Engagierten und die Idealisten sind anfällig für Burn-out-Gefahren – wer ausbrennt, der hat lange unter Strom gestanden.

- Die Krankheit schleicht sich langsam in ein Leben, ein stabiles Privatleben bietet eine gute Prophylaxe.

- Das private Leben will gut organisiert sein, unter anderem auch, um den Akku wieder aufzuladen: Klare Strukturen stabilisieren das.

- Chefs akzeptieren eindeutige Prioritäten, um einen guten Mitarbeiter langfristig zu binden.

- Sich selbst privat promovieren, lautet das Stichwort, dazu gehört ein entspannendes Hobby und auch, seinen Körper sanft zu fordern.

- Regelmäßig den Fahrstuhl ignorieren und mittags einmal um den Block gehen.

- Regelmäßige Entschleunigung verhilft zu besseren Ergebnissen, Zeit für kurze Pausen ist da, man muss sie nur nehmen.

- Wer einmal eine große Distanz nötig hat, der sollte seine Sehnsucht zunächst mit einem Sabbatical, einem Sabbatjahr, austesten: Ein Jahr für sich mit Rückkehrgarantie, um die Traumvorstellung mit der Realität abzugleichen. Denn Sonnensehnsucht ist kein verlässliches Motiv für lange Durststrecken. Damit so ein Urlaub XXL nicht einfach nur verrauscht, sondern sinnvoll gestaltet wird, ist ein schriftlicher Zeitplan sinnvoll.

# IX

# Es gibt für alles den richtigen Zeitpunkt

*„Die Zeit bringt Rat. Erwartet's in Geduld!*
*Man muss dem Augenblick auch was vertrauen."*
Friedrich Schiller, Wilhelm Tell

Die Übereifrigen sind oft die Letzten, die bedacht werden, wenn es um die Verteilung interessanter Posten geht. Zu viel Fleiß ist kontraproduktiv. Kluge Taktiker warten auf den richtigen Zeitpunkt, ehe sie offensiv werden: Sie beherrschen die militärische Strategie des „duck and cover". Auf dem Firmenflur tobt die Revolution, und der Kluge taucht ab. Das kann zum Beispiel bedeuten, gezielt Urlaub zu nehmen, wenn große Umbrüche anstehen. Wurde dem Vorstandsvorsitzenden gekündigt, dann reißt dieser andere mit. Möglicherweise steht er unter einem leichten Schock, hat nichts mehr zu verlieren und lebt seinen „Nach-mir-die-Sintflut-Egoismus" aus. Das Schicksal der anderen, die ihm bis dahin treu zur Seite gestanden haben, interessiert ihn nicht mehr. Von jetzt auf gleich. Diese Situation muss ein kluger Kopf schnell begreifen. Im Unterschied zu dem Gefeuerten hat er nämlich keine prächtige Abfindung zu erwarten, die er in seinem Anwesen in Florida genießen kann. Also muss eine gepflegte Rückzugsstrategie her. Ein paar freie Tage sind ein gutes Mittel, sich den Abschusslisten zu entziehen.

**Rückzugsstrategie**

In Krisenzeiten erhält der Satz: „Der Sieg hat viele Väter, nur die Niederlage ist ein Waisenkind" schärfere Konturen. Geht ein Projekt schief, dann will es keiner gewesen sein. Nur die Naiven, die müssen dann den Kopf hinhalten, weil sie die Lage verkannt haben.

Der ehemalige Trainee einer Frankfurter Privatbank hat das erlebt: Die Arbeitsgruppe sollte einen komplizierten Finanzierungsplan ausarbeiten. Das internationale Projekt wurde durch Basel II noch vertrackter, es ging um Risiko an allen Globalisierungsfronten. In der Startphase erhebt sich nun ein vierzig Jahre alter Kollege zum Leiter der Besprechungen und reißt das schwierige, aber renommierte Projekt an sich. Aus einer Reihe von schwer beeinflussbaren Gründen platzt der Auftrag. Der strategisch versierte Kollege hatte das früh

Stunde des Sündenlamms

erkannt und heimlich, still und leise seinen Rückzug aus dem zum Scheitern verurteilten Projekt angetreten. Bei entscheidenden Konferenzen war er auf einem Auswärtstermin, dann hatte er private Termine, selbstverständlich unaufschiebbar. Als das Ganze den Bach herunterging, tummelte er sich längst außerhalb der Schusslinie. Freigegeben zur Exekution waren die anderen – darunter auch der Trainee–, die sich auf einmal an der Front befanden, obgleich sie sich noch im sicheren Schützengraben wähnten. „Seitdem überlege ich mir sehr genau, wann ich zeitlich auf- und auch abtauche, wenn ein Projekt schief geht", sagt der ehemalige Trainee, der heute Assistent der Geschäftsleitung ist.

In den meisten Unternehmen schlägt bei einem Misserfolg die Stunde des berühmten Sündenlamms: Diese miese Position ist klassischerweise mit dem naiven und gutmütigen Sachbearbeiter besetzt, der den Ernst der Lage nicht begriffen hat und gnadenlos verheizt wird – ob er immer bewusst instrumentalisiert wird, ist eine andere Frage. Während die anderen Termine vorschützen, bleibt er im Regen stehen und bekommt die geballte Ladung Kritik ab. Arglos lässt er sich zum Überbringer der schlechten Nachrichten einsetzen, die anderen haben sich ja längst verdrückt. Verzeihen tut ihm das später niemand. Fortan ist sein Name mit Misserfolg gekoppelt, den Letzten haben die Hunde gebissen. Der Zyniker Karl Kraus schreibt: „Wer andern keine Grube gräbt, fällt selbst hinein." Keine Frage, dass das mehr als fragwürdig ist und bei charakterlich integeren Menschen oben auf dem Index steht. Etwas anderes aber ist, die Spielregeln der Krisenintervention zu beherrschen und sich gegebenenfalls wegzuducken.

### Die Balance zwischen Be- und Entschleunigen beherrschen und auch mal vom Dienstweg abbiegen

Kommt Zeit, kommt Rat. Versierte Strategen hüten sich vor übereilten Handlungen und lassen die Zeit für sich arbeiten. Die Balance zwischen Be- und Entschleunigen zu beherrschen, diese Haltung bringt voran. Etwa bei der Verzögerungstaktik. Manche Probleme erledigen sich von alleine. Es kann geboten sein, eine Woche ins Land gehen zu lassen und die Drängler mit einem „Da müssen wir mal gucken" abzuspeisen. Der Einkäufer eines westfälischen Mittelstandsunternehmens wendet diese Hinhaltetaktik immer wieder mal an, wenn er auf Rückmeldungen günstigerer Angebote wartet: Durch seine Verbindlichkeit, mit der er das Verzögern moderiert, verprellt er seine überlebensnotwendigen Stammlieferanten nicht, gewinnt aber kostbare Zeit, um womöglich günstigere Angebote an Land zu ziehen. Dieses Aufschieben zahlt sich für die Firma in barer Münze aus.

**Keine Duldungsstarre**

Duldungsstarre ist damit natürlich nicht gemeint. Wer nämlich umgekehrt auf einen klassischen Verzögerer trifft, den hindert das am Aufstieg. Ein Abteilungsleiter, der Personalfragen immer wieder aufschiebt, wird zum Bremsklotz. Da manövriert das Einhalten des „deutschen Dienstwegs“ aufs Abstellgleis. Das brave Befolgen der Hierarchie und biedere Angepasstsein an „die Verhältnisse“, was immer dies auch genau meint, verzögert Karrieresprünge. Die Amerikaner schütteln über diesen typisch deutschen Gehorsam den Kopf: In den Vereinigten Staaten werden Führungsebenen sorgloser ignoriert, wenn es darum geht, dem Vorstand einen großartigen Vorschlag zu unterbreiten. Anders kämen manche Visionen nie zur Diskussion, geschweige denn zur Verwirklichung.

**Hierarchien ignorieren**

Ein Stuttgarter Elektrotechnikingenieur, der eine Zeit lang im Silicon Valley nicht nur Computerprogramme, sondern auch den amerikanischen Umgang mit Hierarchien studiert hat, schert sich seither an seinem deutschen Arbeitsplatz weniger um den gängigen Ablauf: „Ich entscheide von Projekt zu Projekt, wann ich den vorgezeichneten Weg der zuständigen Leute verlasse und eine Hierarchie überspringe. Natürlich stößt man damit auch mal jemanden vor den Kopf. Aber mir geht es darum, den Zeitpunkt zu bestimmen, wo ich ausbrechen kann. Den überlege ich mir natürlich von Fall zu Fall sehr genau, um nicht zu tief zu fallen, wenn etwas schief geht.“

Dass etwas schief geht, das wird im Normalfall verziehen. So sagt der ehemalige Manager Daniel Goeudevert: „Erfolg heißt, seine eigenen Fehler zu korrigieren.“ Der Schriftsteller Friedrich Hebbel drückt sich drastischer aus: „Mit wem das Pferd nie durchgeht, der reitet einen hölzernen Gaul.“ Und auf hölzerne Gäule will nun wirklich niemand im Ernst setzen.

Gutes Timing ist auch bei anderen Ereignissen strategisch angeraten. Zum Beispiel bei Geschäftsessen. Das ist vor allem für Frauen eine relevante Frage. Unerfahrene Mitarbeiterinnen lassen sich naiv Freitagabend zum Geschäftsessen bitten, allerdings auch nur einmal, nämlich das erste und das letzte. Sachorientiert konzentrieren sie sich auf einen beruflichen Termin und erkennen nicht, dass der Geschäftspartner zwischen Gnocchi-Gang und Kerzenschein schon ganz andere Pläne für den restlichen Verlauf des Abends schmiedet: Er möchte die Dame vom Tisch ins Bett bitten. Um solche missverständlichen Situationen von vorneherein zu klären gibt es eine klare Regel: Geschäftsessen finden mittags statt, und nach dem Dessert gibt es keinen wie auch immer gearteten Nachschlag, sondern es geht zurück ins Büro. Dann ruft eben die Arbeit, das Argument haben auch die flirtwilligsten Geschäfts-„Freunde" zu akzeptieren.

Durch straffe äußere Organisation zu innerer Klarheit gelangen und die Kunst des Delegierens beherrschen

Den richtigen Zeitpunkt für Entscheidungen zu erkennen und die eigene knappe Zeit gut einzuteilen sind Grundvoraussetzungen für einen Aufstieg. Je höher die erklommene Etage, desto knapper die Zeit. Durch straffe äußere Organisation gelangen Menschen zu innerer Klarheit und behalten einen Überblick über ihre Projekte. Gute Taktiker beherrschen die Kunst des Delegierens. Wer Arbeit nicht abgeben kann, weil er sich für unersetzbar hält, der demonstriert nur eine Untugend: die eigene Unsicherheit. Hinterher kann er die Ergebnisse ja immer noch kontrollieren. Am besten diskret, um die Zuarbeiter in ihrer Selbstverantwortung nicht auszubremsen.

**Praktikantenlösung** Wenn sich die Arbeit türmt, es keine Mitarbeiter und kein Geld für Mitarbeiter gibt, dann stellt der Gießener Karrierecoach und Wirtschaftsprofessor Christian Zielke den überanstrengten Ratsuchenden folgende Frage: „Wo können Sie Hilfe herholen?" Je jünger die Klienten, desto häufiger liegt die Lösung darin, Praktikanten einzustellen. Gut eingefädelt, ergibt das für beide Seiten eine Win-Win-Situation: Die jungen Mitarbeiter erhalten zwar wenig Geld, aber praktische Erfahrung und berufliche Orientierung, bevor sie sich – mit allen Konsequenzen – in der freien Wildbahn bewegen müssen. Die Arbeitgeber wiederum bekommen motivierte Assistenten. Vorausgesetzt, beide Seiten ergehen sich nicht in Illusionen übereinander: Die einen nölen nicht frustriert über die ausgebeutete „Generation Praktikum", die anderen verheizen die Aushilfskräfte nicht für stupide Aushilfsarbeiten wie das berüchtigte Dauerkopieren, sondern trauen ihnen spannende Aufgaben zu und zementieren durch ein ordentliches Zeugnis den weiteren Weg.

Diese Strategie des Delegierens birgt noch einen weiteren Vorteil: Unauffällig schulen die Betreuer der Praktikanten ihre Fähigkeiten in Mitarbeiterführung: Machen sie hier Fehler, dann geht der Kronzeuge hierfür wieder und bleibt nicht auf Dauer im Team. Beim nächsten Praktikanten kann sich der unerfahrene Ausbilder dann quasi neu erfinden und alte Fehler vermeiden.

Gegen lose Blattsammlungen und gilbende Papierstapel hilft nur tägliches Entmüllen

**Vorwurfsvoller Aktenberg**

Einer der größten Zeiträuber ist die tägliche Post. Wer ehrgeizig ist, der hat dafür gesorgt, in vielen Verteilern zu stehen und viele Sonderaufgaben wahrzunehmen, um sich zu profilieren. Was er nicht bedacht hat: Jetzt ertrinkt er in der Flut der Mitteilungen und Anfragen. Goethes Faust ist für viele schöne Zitate eine Fundgrube. Zum Beispiel für dieses: „Gebraucht der Zeit, die geht so schnell von hinnen, doch Ordnung lehrt euch Zeit gewinnen." Ist bei Ihnen alles in Ordnung? Räumen Sie weg oder lassen Sie liegen? Viel zu viele lassen liegen – vor allem, wenn sie noch nicht auf ein kompetentes Sekretariat zurückgreifen können. Lose Blattsammlungen türmen sich zum vor sich hin gilbenden Papierstapel, Aktenberge wachsen zum instabilen Gebirge, die ständig vorwurfsvoll zu suggerieren scheinen: Du hast deine Arbeit nicht bewältigt. Da wartet noch ein Berg auf dich, den du nie und nimmer abtragen kannst. Das ist einer der Gründe, weshalb die meisten Menschen beim Stichwort Steuererklärung erblassen, ihre Zettelwirtschaft passt nicht einmal auf eine umfangreiche Sammlung von Bierdeckeln.

**Hitchcocks Seelenfrieden**

Hier hilft nur die tägliche Dosis Disziplin: Jeden Tag eine feste halbe Stunde einplanen, um die Ablage zu machen und zu entscheiden, was wirklich wichtig ist und was weg kann. Das A und O ist das Wehret-den-Anfängen-Vorgehen – ist der Schreibtisch erst hoffnungslos überladen, vergeht einem schon von weitem die Lust anzupacken. Das fällt vielen Menschen schwer, so schwer, dass sie Fachleute anheuern, die ihnen beibringen, wie sie ihr Büro effizient organisieren. Längst haben sich die Berater chaotische Büros als Arbeitsfeld ausgedacht und alle Hände voll zu tun. Auch im Büro muss Ordnung herrschen. Jede aufgeräumte Schublade, jedes entmüllte Regal symbolisiert ein Stückchen Befreiung. Wenn die äußere Ordnung stimmt, dann ist der Mensch auch innerlich aufgeräumt. Die Sehnsucht nach Ordnung ist, so sagt der Offenbacher Psychologe Werner Gross, symptomatisch für die aktuellen „unordentlichen Zeiten". Wer aufräumt, verschafft sich Freiräume und ein gutes Gefühl. Alfred Hitchcock bekannte ausdrücklich: „Ich habe es gern, wenn alles um mich herum durchsichtig ist. Ein gut aufgeräumter Schreibtisch verschafft mir Seelenfrieden."

Dankbarste Auftraggeber sind die Eichhörnchen-Typen, also all jene, die sich von nichts trennen können und dem Messietum zugeneigt sind: Sie müllen sich zu. Das könnte man noch mal brauchen, die Broschüre war so interessant, in diese Fachzeitschrift wollte man immer mal blicken ... frühestens am St.-Nimmerleins-Tag. Denn natürlich wird man weder Briefe, Broschüren noch die Zeitschrift je wieder zu Hand nehmen. Allein das Gefühl, man könnte es aber tun, brauchen diese Hamsterer für die innere Sicherheit. Psychologen haben hierfür eine wenig schmeichelhafte Deutung: Menschen, die sich von nichts trennen können, haben eine große Lebensunsicherheit. Sie besitzen kein Vertrauen ins Leben und glauben nicht, dass man auch ohne zahllose Materialien, die zur Sicherheit aufgehoben werden, glücklich werden kann.

> Büroaufräumer leben vom Chaos anderer Leute und ziehen in den Kampf gegen die überquellende n Hängeregistraturen

Eine der ersten Frauen, die erkannt haben, wie zukunftsträchtig in dieser materialüberfluteten Welt eine gute Büro-Organisation ist, ist Edith Stork. Die gelernte Bibliothekarin, Buchhändlerin und Dokumentarin lebt vom Chaos anderer Leute und berät Unternehmen. Zunächst hält sie einen einführenden Vortrag vor den Mitarbeitern, dann folgt die praktische Unterweisung an den Schauplätzen der Schludereien. Die Frankfurterin geht in das erste Büro und verschafft sich einen Überblick über die Aktenlage. Die sieht oft verheerend aus: Dubiose Papierfluten ergießen sich über Regalbretter, zu vernachlässigende Vorgänge werden abgeheftet, Umläufe mogeln sich zwischen längst abgelaufene Terminvorlagen. Suspekt sind Edith Stork vor allem überquellende Hängeregistraturen, die sie „Hängebauchschweine" schimpft, und undurchsichtige Ablagekörbchen, die gern im Dutzend auftreten.

Ärgerliche Aufschriften

Ein Quell ihres Ärgers sind hierbei nichts sagende Aufschriften wie „Sonstiges" oder „Verschiedenes". Die Mitarbeiter eines Reutlinger Strickmaschinenherstellers hatten es gar auf 312 Körbchen gebracht, was immer sie da auch auf unbestimmte Zeit zwischenlagerten. Papier ist geduldig, Edith Stork ist es nicht. Ihr Zauberwort lautet „A-P-Dok": Alles wird aufgeteilt in Administration, Projekte und Produkte der Firma sowie Dokumentation. Das hat sie patentieren lassen. „Wer das verinnerlicht hat, der kann auf drei Körbchen vertrauen." Unerlässlich sei, ein- oder zweimal am Tag diszipliniert zu entscheiden, was man mit den eingegangenen Papieren macht. „Der Stapel muss – ein hässliches Wort – verschlagwortet werden. Dann ist man die Last los." Hierbei müsse natürlich der kaufmännische Sinn regieren. „Fristen muss man einhalten und entsprechende Papiere so lange aufbewahren, wie das vorgeschrieben ist. Listen mit Aufbewahrungsfristen gibt es bei der IHK." Die Ordner mit diesen Papieren werden in den Keller verwiesen, bevor geschreddert werden darf.

> Falls der Kollege krank ist, muss niemand in dessen Bermudadreieck eintauchen

Eichhörnchen-Typen, die forsch behaupten, einen Röntgenblick durch ihre Papierberge zu haben und ihre Turmbauten mit einem Verweis auf Kreativität kultivieren, misstraut sie: „Unser Gedächtnis ist nicht geschult, mit solchen Fluten umzugehen. Man meint nur, man könne alles behalten." Unter Edith Storks strengem Blick legen die Kunden einen Musterordner an. Bei Skeptikern nimmt sie kein Blatt vor den Mund: „Sie sind ein unordentlicher Mensch und somit schlecht erzogen." Auch der Satz von Joseph Beuys, „Wer nicht denkt, fliegt raus", kommt ihr leicht über die Lippen. Doch trotz resoluter Kommentare bringt die Frau das Kunststück fertig, auch noch charmant zu wirken – zumal sich ihr omnipräsenter Humor auch in ihrer Selbstironie spiegelt.

Stapler kosten Geld

Die Atmosphäre mancher Büros empfindet sie fast körperlich. Mitunter werden auch Möbel entsorgt, fliegt ein Schrank raus, ein sperriger Tisch folgt sogleich. Ihre ungewöhnliche Geschäftsidee, die sie schon in viele Talkshows führte, hat einen nüchternen kaufmännischen Hintergrund. Stichwort Wertschöpfungsberechnung. Die Unternehmerin sagt: „Bis zu 200 Stunden im Jahr pro Person können nach meinem System eingespart werden." Wer Ordnung hält, der vertrödelt keine Zeit und lässt keine Nerven bei überflüssigen Suchaktionen. „Eine Firma, die sich diese Stapler leistet, verliert Geld." Wer anstrebt, eine Abteilung zu leiten, sollte sich das vor Augen halten.

Fahrlässige Unordnung

Eine gut funktionierende Registratur dient außerdem der Teamfähigkeit. Unordnung kann fahrlässig sein. Gruppenleiter können diesen Umstand nicht ignorieren, denn sie müssen für die Folgen den Kopf hinhalten. Denn falls ein Angestellter krank oder lange im Urlaub ist, muss niemand in ein unbekanntes Bermudadreieck eintauchen, um sich durch höchst individualisierte Systeme bis zur Akte X zu kämpfen.

Halten Frauen grundsätzlich mehr Ordnung? Diese These ist der ausgebildeten Opernsängerin Edith Stork zu schlicht. Nur eine Anmerkung erlaubt sie sich: „Ordentliche Männer haben es einfacher, ihren Ordnungswillen zu delegieren." Übrigens: Die Kramschulblade, den „Kiosk", wie sie sich ausdrückt, soll jeder Kunde bestücken, wie er will, „also mit dem Foto vom Geliebten, mit Hansaplast und Instantsuppe". Im Gegenteil, wenn nach ihrem Einsatz der Papierkorb voll und die Schubladen leer sind, dann ermuntert sie: „Hier können Sie Ihren Kiosk einrichten. Lebensfreude muss sein."

Dreimal täglich einen konzentrierten Kampf gegen die tägliche E-Mail-Flut führen

Unordnung, die sich in der Umgebung abspielt, hat sich längst elektronisch verlagert. Stapelte sich früher die Eingangspost körbeweise, blinkt inzwischen ständig das Computerfenster auf: „Sie haben neue Nachrichten." Kurt Tucholsky schreibt: „Die Seele jeder Ordnung ist ein großer Papierkorb." Und den gibt es glücklicherweise auch elektronisch. Das Kommunikationsmittel E-Mail wird immer beliebter – und penetranter. 2004 hatte schon fast die Hälfte aller Bundesbürger elektronische Post über das Internet verschickt. Zwei Jahre zuvor, so hat das Statistische Bundesamt ermittelt, waren es erst rund ein Drittel. E-Mails sind eine schöne Erfindung. Ruckzuck lassen sich Aufgaben erledigen, Anfragen stellen, Zu- oder Absagen treffen. Statt sich in Endlos-Telefonschleifen zu drehen, genügen wenige Handgriffe, und die Sache ist erledigt. Zunächst jedenfalls. Soweit die gute Nachricht.

Jetzt die schlechte: E-Mails sind ein Ärgernis. Sie trudeln unentwegt ein, blinken auf dem Bildschirm, sind das Medium aufdringlicher Nervensägen und stehlen Zeit ohne Ende. Jeder, der meint, etwas mitteilen zu müssen – und sei es noch so inhaltsleer – schickt eine Mail. Das Medium ist ungeduldig. Freundlich auf Antwort warten, das ist den wenigsten gegeben. Gleich folgt die nächste Mail oder ein dreister Anruf: Soeben habe ich dies, das und jenes geschickt. Was halten Sie davon?

Verlockende Ablenkungen

Hanspeter Lanz lebt zum Teil von diesem Alltagsärger. Auf der Visitenkarte des in Frankfurt lebenden Schweizers steht Berater und Trainer. Ein Randaspekt seiner Seminare hat sich herauskristallisiert: Hanspeter Lanz gibt Anregungen, wie Führungskräfte die Fülle ihrer E-Mails bewältigen können: „Es geht dabei auch um das Gefühl, gelebt zu werden, anstatt selbst zu gestalten. Also um die Frage, im Hamsterrad zu strampeln, anstatt am Steuerrad zu sitzen."

Ein Punkt seines Mail-Managements: Selbstdisziplin. Aufblinkende E-Mail-Fenster oder Signaltöne sind für neugierige Naturen eine Verlockung und ein willkommener Ablenkungsgrund. Es könnte ja der dringend erwartete Termin sein. Oder

Getarnte Betreffzeile

endlich die Auftragsbestätigung? Oder die lang angekündigte Einladung zum Klassentreffen? Gehört zwar nicht ins Büro, beflügelt aber. Schon wird die eigentliche Arbeit unterbrochen und die Nachricht aufgeklickt. Meist ist dann wieder nur eine lästige Werbemail eingetrudelt, deren Betreffzeile sich geschickt getarnt hat. Im Geschäftsbericht, den man zuvor durchgearbeitet hat, ist der rote Faden jetzt verloren. Mails laden dazu ein, die Arbeit dauernd zu unterbrechen. Das bewahrt vor lästigen Routinearbeiten. Solches Verhalten ist unreif, aber menschlich. So wie in Examenszeiten. Ein Jurist, der inzwischen Juraprofessor in Süddeutschland ist, umkreiste den Schreibtisch weiträumig, bevor er sich an seine Habilitationsschrift setzte, und bekennt: So aufgeräumt und sauber wie zu Examens- oder Abgabezeiten war meine Wohnung seither nie wieder. Hier noch gefeudelt, da noch die Primel gegossen, Hauptsache nicht über die sperrigen Paragrafen nachdenken müssen.

Jede geöffnete Mail durchbricht den Arbeitsfluss. Hier hilft nur eine disziplinarische Maßnahme: nämlich sich dazu erziehen, dreimal am Tag zu festgesetzten Zeiten die E-Mails zu checken. Und wirklich nur zu diesen Zeiten. Das klingt nach der Schlichtheit der einschlägigen Zeitspar-Ratgeber. Aber solche Versimpelungsratgeber stehen nicht grundlos monatelang in den Bestsellerlisten. Also konsequent jeden Tag nur zu festgelegten Terminen die Post durchsehen. Zum Postkorb saust man ja auch nicht zehnmal am Tag, die Sekretärin bringt nicht persönlich jeden Brief vorbei.

Routinen einrichten

Lanz schlägt vor: „Richten Sie Routinen ein. Rufen Sie Mails morgens, mittags, abends ab, nicht häufiger als dreimal. Reservieren Sie in Ihrem Kalender Zeit dafür.“ Sonst drohen Konzentrationsmängel wegen Übermüllung. Er selbst schaut übrigens nur zweimal täglich nach. Natürlich geht das in manchen Positionen nicht und wäre verheerend. Finanzverwalter könnten sich auf ihre Kündigung vorbereiten, würden sie die Nachrichten so kanalisieren und nur sporadisch sichten. Aber Ausnahmen bestätigen die Regel.

Der zweite Rat: Manche Mails ungeöffnet zu löschen statt alle zu lesen. Oft reicht ein Blick auf die Posteingangsliste, um zu entscheiden, dass die Nachrichten entbehrlich sind. Diese Löschaktionen lassen sich großzügig handhaben. Denn wenn einmal eine wirklich wichtige Mail getilgt worden ist, wird sich der Absender schon telefonisch in Erinnerung rufen. Schwierig umzusetzen ist die dritte Empfehlung: Aufschieben bringt nichts. Lanz sagt: „Beantworten oder löschen Sie sofort. Denn die Menge der Mails, das ist es ja, was die Menschen stresst. Wenn Sie aufräumen, dann fühlen Sie sich besser, dann haben Sie die Sache im Griff."

> Technik lässt sich mit Technik beherrschen und die wirklich wichtige Post taucht erneut auf

**Ruppige Selbsthilfe**

Technik lässt sich mit Technik beherrschen. Das ist der allererste Schritt: Um Hunderte Mails auf ein erträgliches Maß zu reduzieren, sollten Filter eingebaut werden, die die individualisierten Mails durchlassen und die anderen zunächst aussortieren. Glücklich ist natürlich derjenige, dessen Filter ein souveränes Sekretariat ist, das vorsortiert. Wer nicht in dieser Lage ist, kann sich durch standardisierte Antwort-Mails schützen. Beispielsweise eine Mitteilung, die dem Absender zurückmeldet: Mails mit diesem oder jenem Thema werden nicht beantwortet. Das klingt ruppig, aber es hilft. Arbeitspsychologen wissen, wie schwer sich gerade höfliche Menschen mit solch harschen Formulierungen tun. Aber manchmal ist das Hilfe zur Selbsthilfe, um die täglich anfallende Arbeit beherrschbar zu machen. Nicht wenige Menschen sind dann unglaublich erleichtert, wenn sie den Effekt sehen, den diese Maßnahmen haben. Auch wenn sie ihnen eigentlich zuwider sind.

Georg Meyer-Spasche hat das elegant gelöst. Ein großer Teil seiner Arbeit als Anwalt läuft auf E-Mail-Basis. Und das funktioniert gut dank eingebauter Filter. „So lasse ich mich in meinem Arbeitsfluss so wenig wie möglich unterbrechen", sagt der Jurist der Kanzlei Clifford Chance. Er ist nicht ohne Grund IT-Anwalt und arbeitet in der CMT-Abteilung, also Communication, Media & Technology. Er lässt die eingehenden Mails vorsortieren, die überflüssigen externen Mitteilungen haben die Spamfilter im Griff. Solche vorgeschalteten Schutzmechanismen gehören zur Grundausstattung aller

Empfänger, die keine Empfänger sein möchten. Die anderen Mails werden sofort in Ordner geleitet und tauchen erst gar nicht auf dem Bildschirm des Juristen auf. Das ist eine Frage der Selbstorganisation. Computerfachleute der Unternehmen können diese Dinge einrichten, zum Beispiel einen Ordner für interne Mails oder die hauseigene Bibliothek.

Das System austricksen

Während des Interviews trudeln im Frankfurter Büro des Rechtsanwalts acht gefilterte und drei neue Mails ein, die tatsächlich von hoher Wichtigkeit sind und sich als kleines Briefumschlags-Piktogramm in Erinnerung rufen. Das sind in der Regel drängende Informationen von Mandanten aktueller Fälle. „Meistens schaue ich alle Viertelstunde nach. Manchmal brüte ich jedoch eine halbe Stunde intensiv über einem Problem und warte mit dem Öffnen, bis ich eine Denkpause mache. Und tue es nicht, wenn mir das System das gerade vorschlägt", stellt der Jurist klar. Außerdem achtet er darauf, seine E-Mail-Adresse im Büro nur im Ausnahmefall für private Bestellungen zu nutzen. Bei europäischen Anbietern ist die Gefahr, daraufhin mit Angeboten überschüttet zu werden, inzwischen relativ gering. Denn sie müssen ein Feld einbauen, das ausdrücklich anfragt, ob der Nutzer auch künftig Mails erhalten möchte oder nicht. Das schreibt seit einem Jahr das Gesetz gegen den unlauteren Wettbewerb vor. Bei Bestellungen in den Vereinigten Staaten oder Russland ist jedoch Vorsicht geboten.

Natürlich verwaltet der Anwalt auch einen Ordner für interne Mails. Je größer der Personenkreis, an den die Nachricht gerichtet ist, desto unwichtiger ist sie meistens, hat er festgestellt. Da frage jemand, wer einen Parkplatz zugestellt habe oder es werde zu Kaffee und Kuchen eingeladen. „In diesen Ordner blicke ich ein- bis zweimal am Tag. So werde ich im Arbeitsfluss nicht gestört, kriege den Kuchen aber trotzdem noch mit."

Wie sehr eine gute Arbeitsorganisation von der inneren Einstellung abhängt, das sieht Hanspeter Land bei vielen Seminarteilnehmern. Wer von klein auf gelernt hat, auf jeden Brief höflich zu antworten, dem fällt es schwer, auf Mails nicht zu reagieren. Die gute Erziehung führt zum überquellenden Eingangsverzeichnis. Dabei geht es um lang eingespielte Muster im Leben und darum, sich von dem Persilgewissen zu trennen. Das verhindert nämlich, optimale Arbeitstechniken anzuwenden.

> Unangemessen ist die aufmerksamkeitsheischende Werbesprache, die PR-Leute für besonders pfiffig halten

Ein Gräuel sind auch die penetranten „Zur Kenntnis"-Mails. Die sollten sparsam und sorgfältig dosiert sein. Aber leider gibt es Chefs, die das mit Führung verwechseln und jedem Bereichsleiter ständig alles zukommen lassen. Vielleicht um sich abzusichern, vielleicht auch aus Imponiergehabe. Da sollte man andere Firmenregeln einführen.

Gute Postverwaltung ist ein wesentlicher Punkt des Zeitmanagements. Aber eben nur einer. Auch schwierige Aufgaben lassen viele gerne liegen, bis sie ein bedrohliches Potenzial entwickeln und unüberwindbar scheinen. Wenn die Arbeit kaum noch beherrschbar erscheint, dann hilft ein schriftlicher Plan, er verschafft einen Überblick und einen Schub Selbstmotivation.

**Kurzzeitige Isolation**

Beim Schreiben, gleich ob Geschäftsberichte oder Sitzungsprotokolle, gibt es einen weiteren Motivationstrick. Notizen großzügig durchstreichen, sobald sie Eingang ins Manuskript gefunden haben: Allein der Anblick befreit und erleichtert. Die Arbeit schmilzt augenscheinlich dahin. Ähnlich lässt sich mit langen To-do-Listen verfahren: Jeder ausgestrichene Posten erleichtert.

Bewährt hat sich auch die kurzzeitige Isolation. Verabreden Sie sich sozusagen mit sich selbst und ziehen sich ganz offiziell einige Stunden von den anderen zurück, das Telefon wird auf Anrufbeantworter umgestellt, an die Tür kommt das Bitte-nicht-stören-Schild. Unterbrechungen gibt es nicht.

Wer die Sache mit der Ordnung blendend beherrschen muss, sind Chefsekretärinnen. Sie sitzen nicht umsonst in den Vorzimmern der Konzernmacht, wo sie der Reizüberflutung trotzen. Auch wenn die Hütte brennt, behalten sie den Überblick und haben den Dauerdruck so gut im Griff, dass sie selbst dann mit freundlicher Routiniertheit lästige Telefonate moderieren. An ihren Stimmen ist das nicht ablesbar. Weniger versierte Kollegen greifen zur Notlüge und täuschen vor, sie seien gerade in einer Besprechung und müssten sich kurz fassen. Das ist geflunkert, spart aber enorm Zeit. Und auch das gehört zum Thema schöner Arbeiten in hektischen Zeiten.

**Thesen zur Zeit**

Übertriebener Fleiß zahlt sich im Berufsleben nicht aus, sondern kann ganz im Gegenteil kontraproduktiv sein. Beruflicher Erfolg ist eine Sache des richtig gewählten Zeitpunktes. Die Strategie des „duck and cover“ bewahrt davor, Bauernopfer zu werden und für das Versagen anderer zu bluten.

- Verzögerung kann eine gute Taktik sein, manche Probleme kann man aussitzen, sie lösen sich von selbst.

- Ohne Delegieren geht es nicht. Auch Praktikanten können eine gute Lösung sein, Arbeit besser zu bewältigen.

- Tägliches Entmüllen von unwichtigen Unterlagen schafft äußere und innere Klarheit.

- Um die Informationsflut in den Griff zu bekommen, müssen Routinen her. Das gilt besonders für E-Mails: Sie können durch eingebaute technische Filter vor-, das heißt aussortiert und nur wenige Male am Tag geöffnet und gelesen werden.

- Schieben Sie unangenehme Aufgaben nicht endlos auf. Die Zeit arbeitet gegen Sie.

- Verabreden Sie sich mit sich selbst und ziehen sich einige Stunden zurück, um Aufgaben zu erledigen, die große Konzentration erfordern.

# X

## Frauen –
## keine falsche Bescheidenheit

*Wenn eine Frau zu lange ein Auge zudrückt,*
*tut sie es am Ende nur noch, um genau zu zielen.*
Humphrey Bogart

Frauen haben häufig bessere Abschlüsse, brillieren mit tadellosen Lebensläufen und befinden sich trotzdem im Aus, wenn es um die wirklich guten Posten geht. Faire Verfahren, wie zum Beispiel bei der Piloten- und Pilotinnenausbildung der Lufthansa, wo die unbestechliche Senioritätsliste über den nächsten Schritt vom Kurzstrecken-Piloten zum Langstrecken-Piloten entscheidet, sind im deutschen Wirtschaftsleben die Ausnahme.

Etwa 58 Prozent der Frauen sind berufstätig. Von 193 Vorstandsmitgliedern der Dax-30-Unternehmen sind gerade einmal zwei Frauen. Die Einkommensunterschiede zwischen Männern und Frauen betragen bei gleichen Aufgaben durchschnittlich 20 Prozent. Nur 40 Prozent aller berufstätigen Akademikerinnen haben Kinder. Diese Zahlen stammen nicht aus den siebziger Jahren, sondern von Anno 2005.

**Durchsetzungsfähig oder zänkisch**

Das Stereotyp „eine gute Führungskraft ist männlich", führt beispielsweise dazu, dass in einem Assessment-Center einem durchsetzungsfähigen Mann eher Eignung attestiert wird, während eine Frau mit gleicher Verhaltensweise als aggressiv oder zänkisch beschrieben wird. Verschiedene Diskriminierungsmechanismen sind empirisch ebenso nachweisbar wie Gehaltsdifferenzen. Von Chancengleichheit zu sprechen, fällt da schwer. Natürlich gibt es auch diejenigen Karrierefrauen, die sich selbstbewusst vom Berufsleben abwenden und enthusiastisch ihrer Familienphase widmen, sich am Nachwuchs erfreuen und es niemand anderem überlassen möchten, ihn zu versorgen und aufwachsen zu sehen. Aber von diesen zufriedenen Entscheiderinnen, die souverän und liebevoll ihre Familie managen möchten, ist hier nicht die Rede. Sondern von all jenen berufstätigen Frauen, die sich wundern, dass sie trotz ausgereiftem Tüchtigkeits-Gen auf der Stelle treten, während mittelmäßige Männer locker an ihnen vorbeiziehen.

Für dieses Ungleichgewicht gibt es einen flotten Spruch: Frauen müssen doppelt so gut wie ein männlicher Konkurrent sein, um die gleichen Karrierestufen zu erklimmen. Sie haben Minderheitenstatus und stehen mehr auf dem Prüfstand als Männer. Mit Fakten ist das schwer zu eruieren. Aber die „gefühlte“ Wahrnehmung sehr kompetenter Frauen und einigermaßen kompetenter Männer, die im Berufsleben auf einer Stufe stehen, spricht dafür.

Macho-Wahrnehmung

Vor diesem Hintergrund ist es geradezu absurd, was eine Darmstädter Lufthansa-Pilotin an Gastreaktionen während ihrer Arbeit erfährt. „Guten Tag, meine Damen und Herren, hier spricht Ihre Pilotin Annette Schirling …“ Den gemütlichen Griechen fielen fast die Gläser aus der Hand, als sie die freundlich-feste Frauenstimme hoch über den Wolken Richtung Athen vernahmen. Für die Südländer eine verkehrte Welt, wie sie nervös dem höflichen Steward klarmachten, der sie mit Getränken versorgte: „Was, wir fliegen mit einer Frau? Das ist doch eigentlich Ihr Posten!“, sagen sie leicht schockiert dem Mann. Der wiederum konterte amüsiert: „Unsere Aufgabenverteilung ist schon sinnvoller. Vom Fliegen versteht meine Kollegin im Cockpit mehr.“ Diese Macho-Wahrnehmung wird der sportlich-ehrgeizigen Frau wenig gerecht: Seit Jahren steuert sie die 271 Tonnen eines Airbus A-340 um den Globus, manchmal meistert sie vier bis fünf Kurzflüge am Tag, um dann wieder die 7.139 Meilen bis Buenos Aires zu fliegen.

Eine Frau im Cockpit ist in der Männerdomäne der Luftfahrt leider noch immer Pionierin und steht dadurch erheblich stärker unter Beobachtung als männliche Flugkapitäne. Selbst kleinste Fehler kann sie sich nicht erlauben. So wie ein männlicher Kindergärtner, der heutzutage Erzieher genannt wird, permanent auf dem Prüfstand steht, ist auch sie Mittelpunkt überkritischer Aufmerksamkeit und muss tadellos agieren. Wer also Flugangst hat, der lässt sich am besten von einer Frau um die Erde fliegen – das entspannt. Die besagte Pilotin lacht solche Bedenken ihrer Passagiere übrigens einfach fort und freut sich daran, dass auch viele Fluggäste begeistert klatschen, wenn sie die weibliche Stimme hören. Und in Annette Schirlings Fall ist das Klatschen kein peinliches Mallorca-Flug-Ritual, sondern stolze Freude über weibliche Souveränität.

Gegen das Sekretärinnen-Syndrom hilft oft ein streng eingehaltener Dresscode

Sexy Karrierebremse

Eine Vorgesetzte, das verwundert immer noch viele Menschen; davon zeugt das Sekretärinnen-Syndrom, das fast alle Frauen in mittleren Führungsfunktionen kennen. Die Leiterin einer kleinen Aachener Bankfiliale, die immerhin fünf Mitarbeitern vorstand, wurde regelmäßig für die Sekretärin gehalten. Dann hat sie etwas getan, für das viele umgekehrt einen großen Aufwand betreiben: Die Dreißigjährige hat sich älter gemacht, Kontaktlinsen mit einer Hornbrille vertauscht und das Glencheckkostüm hervorgekramt. Es hat geholfen. Nicht immer, aber immer öfter bei ihren Kunden. Ihr Fazit, das sie heute, fünfzehn Jahre später, an Einsteigerinnen weitergibt: Frauen stehen äußerlich viel stärker im Fokus als ihre männlichen Kollegen, sie sollten sich an der obersten Linie des Dresscodes orientieren und lieber riskieren, overdressed zu erscheinen.

Müssen sich Managerinnen anziehen wie die fieberhaft überspannten Superfrauen aus der Kaffeewerbung? Nein, gefragt sind Fachkompetenz und Sachlichkeit. Hautenge Röcke und aufreizende Blusen sind absolut tabu, der Rock darf maximal eine Handbreit über dem Knie enden. Die Etikettetrainerin Lis Droste rät davon ab, sexy gekleidet im Transparentlook eine Abendveranstaltung zu besuchen: „Spätestens die Ehefrauen der Kollegen kommentieren das nicht begeistert. Das wirkt als Karrierebremse.“ Ihre Berufskollegin Beatrix Isabel Lied bestätigt das: „Es ist fatal, Businesskostüme mit hohen Schuhen zu kombinieren. Fortpflanzungssignale sind am Arbeitsplatz nicht gefragt. Kein Mann würde sich fürs Büro sexy zurechtmachen, eine enge weiße Hose tragen und sein Brusthaar präsentieren. Frauen steht eine größere Vielfalt zur Verfügung, und sie machen mehr Fehler als Männer.“ Dezente Farben schützen vor Fehlauftritten. Die Frau, die beim Erstkontakt mit einem Kunden ein knallrotes Kostüm vorführt, wird als Frau in Rot wahrgenommen, nicht aber als fähige Versicherungsmaklerin: Der Mensch verschwindet hinter der Farbe. Lange rote Fingernägel sind unangebracht: Eine Frau im aktiven Leben hat dafür keine Zeit. Das wird als Zeichen gedeutet: Die muss nicht mit anfassen. Auch der Rosamunde-

Pilcher-Look hat auf Vorstandsetagen nichts zu suchen. Blümchenkleid und romantische Locken signalisieren ein Träumerle, nicht aber souveränen Umgang mit Zahlen und Fakten.

> Eine Schweißfleckendiskussion um einen männlichen Kanzlerkandidaten ist nahezu undenkbar

**Einschenken darf der Herr**

Kurzum: Gerade Frauen wird ein optischer Fauxpas sofort übel genommen, während Männer noch gerade durchgewinkt werden – da genügt ein Blick in die Politik: Frauen, die so ausnehmend unattraktiv, aufgedunsen und knollennasig sind wie mancher Mann im Ministerium, würden höchstens auf der Hinterbank landen. Wenn überhaupt. Eine Schwitzfleckendiskussion um einen männlichen Kanzlerkandidaten? Nur schwer denkbar. Inzwischen leitet die besagte Bankmanagerin eine respektable Abteilung einer Großbank und führt viele internationale Besprechungen. Schön, dass Sie auch dabei sind, so wird sie häufig in den reinen Männerrunden begrüßt. Und an den Gesichtern ist abzulesen, dass sie die Dame – auch heute noch – für eine Art charmante Protokollführerin halten, die sich sicher sogleich um die Getränke kümmert. Die Risikokreditexpertin, privat eine liebenswürdige Gastgeberin, fasst seither im Konferenzraum keine Kaffeekanne mehr an: Einschenken darf einer der Herren. Sie aber hat keine dienende Funktion und grundsätzlich auch keine Zeit fürs Protokollschreiben.

Solche Beispiele ließen sich endlos fortsetzen. Die stellvertretende Politikressortleiterin einer mittelgroßen Tageszeitung wird von Anrufern oft für die Vorzimmerdame gehalten. Ist Herr M. nicht da? Sie sind ja sicher seine Sekretärin. Eine Frau als patente Politikredakteurin? Das stößt auch bei Zeitgenossen mit einem gewissen geistigen Hintergrund auf Erstaunen. Ein Beispiel aus der Mottenkiste? Nein. Tatzeit ist das Jahr 2005.

Vorsicht auch vor allzu großer Verbindlichkeit, die im Berufsleben gerne als Schwäche ausgelegt wird. Statt freundlich und ohnmächtig zu lächeln, ist es sinnvoll, ruhig mal mit unbewegter Miene die Nullaussagen des Kollegen zu begleiten, um nicht in die Mäuschen-Nummer abzugleiten. Körpertrainer sprechen vom Mona-Lisa-Syndrom, das Frauen daran hindern kann, im Kollegenkreis ernst genommen zu werden. Möglichst noch gepaart mit extrem dezenter Körpersprache und eingeknickter Silhouette. Kompetent wirkt das nicht. Da helfen nur eine betont aufrechte Haltung, eine feste Stimme und ein gerader Blick, um Status und Revier zu unterstreichen.

Von Vorteil kann es sein, den – natürlich bedeckten – Bauchbereich frei zu zeigen

Wer seinen Bauchbereich offen präsentiert, wirkt auf sein Gegenüber selbstbewusst. Dieser Rat stammt beileibe nicht aus einem Girlie-Flirt-Seminar für nabelfreie Piercing-Präsentation, sondern von einer seriösen Kommunikationstrainerin. Birgit Kloiber gibt Frauen Anregungen, wie sie im Berufsleben durch gezielte weibliche Körpersprache souverän wirken. „Schüchterne Naturen neigen dazu, Arme und Hände schützende vor ihrem Solarplexus zu verschränken, um gleichsam klarzumachen: Meine verwundbare Stelle muss ich vor dem gefährlichen Gegenüber sichern. Selbstbewusster wirkt es, den – natürlich blazer-, blusen- oder T-Shirt-bedeckten – Bauchbereich locker zu zeigen, ganz nach dem archaischen Motto: Ich bin nicht verwundbar und kann meinen empfindlichen Bereich kühl vorführen.

**Rührender Idealismus**

Wer solche Hinweise für Humbug hält, dem stellt Birgit Kloiber eine viel zitierte Harvard-Studie vor, die die Existenzberechtigung der Körpersprachetrainer auch auf diesem Gebiet rechtfertigt. Die Wissenschaftler haben untersucht, inwieweit die Wirkung eines Menschen von seiner Stimme, seiner Körpersprache und dem Inhalt seiner Rede abhängt. „Die Seminarteilnehmerinnen sollen hier Prozente verteilen, die meisten liegen in ihrer Einschätzung falsch“, sagt die Referentin. Vor allem die sehr zahlenorientierten, rational denkenden Pharmareferentinnen oder Technikerinnen vertreten vehement und geradezu rührend idealistisch die Auffassung, es komme vor allem auf den Inhalt des Gesagten an. Vertriebsleiterinnen oder Personalentwicklerinnen sehen das schon realistischer. Denn sie müssen mitunter intuitiv aus dem Bauch heraus Dinge entscheiden und schätzen die Wirkung der Körpersprache höher ein. Dann präsentiert Birgit Kloiber ihren überraschten Zuhörerinnen das Ergebnis: Gerade mal zu 7 Prozent entscheidet der Inhalt des Gesagten über die Außenwirkung der Person. Noch einmal 38 Prozent macht die Stimme aus. Und zu 55 Prozent hängt die Wirkung auf andere von der Körpersprache ab. In einem konkurrierenden Umfeld wird also derjenige ernst genommen, der durch sein Auftreten am kompetentesten „rüberkommt".

Frauen, die Sanftmut und Bescheidenheit verkörpern, bedienen das Mona-Lisa-Syndrom

Unterwerfungsgesten

Ein klassischer Karrierekiller ist das Mona-Lisa-Syndrom: Unsichere Frauen tappen leicht in die Gefall-Falle. Sie halten einem frechen Blick nicht stand, dafür aber den Kopf schief, verkörpern Sanftmut und Bescheidenheit. Sie verfallen ins Vorschulalter, krümmen die Schultern, verschränken ihre Hände und wollen lieb sein. Kurzum: Sie machen sich klein und stellen ihr Licht unter den Scheffel. Was beim Flirten manch männliches Herz rühren und temporär zum weiblichen Eroberungsrepertoire gehören mag, ist für den Selbstbehauptungsmarathon auf dem Firmenflur kontraproduktiv. Herausragendes Fachwissen wird hinter dieser Klein-Mädchen-Fassade nicht vermutet. Tiere, die die Kehle zeigen, führen damit ihr Unterwerfungsritual vor. Das tun Frauen – dieser Stereotyp trifft in vielen Fällen zu – auch rhetorisch, wenn es um ihren beruflichen Erfolg geht. In weiblicher Selbstinterpretation sind hierfür häufig die „günstigen Umstände und das Glück" der Auslöser. Einem Mann fiele so etwas im Traum nicht ein.

Ehrgeizige Männer verhalten sich ohnehin anders und denken nicht daran, Unterwerfungsgesten zu zeigen. Sie vergrößern ihre Silhouette und nehmen Raum ein. Breitbeinig stapfen sie über den Gang, stemmen die Arme in die Hüften, Schultern raus, Kopf hoch. John Wayne hat vorgemacht, wie das geht. Schon die kleinen, wettkampforientierten Jungs in der S-Bahn machen ihm das nach und fahren nicht schlecht dabei. In ihrer früheren Zeit als Erzieherin hat Birgit Kloiber diese kindlichen Rollenmuster ausgiebig beobachten können. Das prägt. Augenfällig wird das in Videopräsentationen, die den Teilnehmerinnen den Spiegel vorhalten. So erlebt die tüchtige Juristin, die mit ihren kurzen Haaren ein eher burschikoser Typ ist, im Film, wie verdruckst und scheu sie bei ihrem Vortrag wirkt.

Vor Gericht tritt diese Frau inzwischen anders auf. Sie hält direkten Blickkontakt, reckt das Kinn hoch, signalisiert, dass sie die Situation überblickt. Und sie steht mit schulterbreit geöffneten Beinen fest im Raum, sich selber einen sicheren Stand vermittelnd. Gerade Juristinnen belegen Birgit Kloibers Seminare oft. Schließlich ruhen vor Gericht immer wieder viele Augen auf ihnen. Und nur Naturtalenten gelingt es automatisch, Brücken zu bauen oder Grenzen zu setzen und das Nähe-Distanz-Spiel locker zu betreiben.

> Falsch ist die Strategie, einen dezidiert männlichen Stil zu imitieren

**Mehr Präsenz zeigen**

Übung macht die Meisterin. Es lässt sich trainieren, die Schultern nicht hochzuziehen, sondern zu straffen und leicht nach hinten zu nehmen, sich also entspannt zu positionieren. Für Erste Hilfe bei Anzeichen von Unsicherheit sorgt ein Gedankenspiel: Nämlich das Vergegenwärtigen einer Situation, in der sich die Frau grandios gefühlt hat. Wer vor einer schwierigen Gehaltsverhandlung steht und sich dieses Bäume-ausreißen-können-Gefühl wieder auf den inneren Schirm holt, der strahlt das auch aus und knickt bei der ersten nöligen Chef-Attacke nicht ein. „Dann siegt die Körpersprache über das Gefühl", ermutigt Birgit Kloiber die Seminaristinnen, die beim gemeinsamen Grimassenschneiden erfahren sollen, „dass sie nicht perfekt sein müssen". Übrigens sollte eine eher kleine Frau darauf achten, „von vornherein mehr Präsenz auszustrahlen. Große Frauen sollten sich nicht künstlich klein machen".

Indes soll aus einer introvertierten Akademikerin beileibe keine knallharte Kämpferin werden; einen dezidiert männlichen Stil zu imitieren, ist die falsche Strategie. Zu Birgit Kloibers Kunden gehören unter anderen BMW, Lufthansa und die Pharmaindustrie. Inzwischen schicken Chefs ihre Mitarbeiterinnen, die in der männerdominierten Branche sicher wirken sollen, auf die Seminare zu ihr. „Früher hieß es dann, kommen Sie bloß nicht als Emanze zurück. Das hat sich heute gelegt."

**Kühl und kritisch**

Mitunter empfiehlt die Trainerin den Frauen, ihre potenzielle Stärke – nämlich auf ihr Gegenüber einzugehen und eine Beziehung herzustellen – kurzeitig zurückzufahren. So beklagte sich eine Politikerin, sie komme im Stadtrat nie zu Wort. Wie sich herausstellte, war die Frau sehr emotional und nickte häufig, wenn andere sprachen. Der Lokalpolitikerin riet Kloiber, reservierter zu sein und solche unterstützenden Minimalreaktionen zu vermeiden. Gefälligkeitsgesten, etwa zu lächeln, obwohl ihr nicht zum Lächeln zumute war, hätten im Sitzungssaal nichts zu suchen. Fortan blieb sie kühl. Der Effekt: Die anderen fragten nach. Sie schauen so kritisch. Stimmt etwas nicht? Und die Dame kam zu Wort. Ein solcher Erfolg tritt vor allem dann ein, wenn eine gewisse Beiläufigkeit entsteht. Denn um Schauspielunterricht – frei nach der Devise: Wie stelle ich mal einen intellektuellen Feger da? – geht es natürlich nicht. Es geht darum, die eigene Körpersprache zu reflektieren und bewusster einzusetzen, sich also selbst zu beobachten und treu zu bleiben.

Noch eine kurze Bemerkung zur Macht der Stimme. Viele Frauen sprechen zu leise und zu ausdruckslos. Piepsstimmen werden leicht überhört und nicht ernst genommen. Einige Stunden Sprechtraining zu nehmen, kann sich auszahlen.

### Nachholbedarf in Kompetenz-Simulation: Perfektionszwang blockiert, ohne Bescheidenheit kommt frau weiter

**Gockelnummer**

Über welche anderen Fallstricke stolpern gerade Frauen? Sie stecken fest in der Bescheidenheitsfalle. Aus der müssen sie raus. Sie müssen Lob aushalten können. Gibt es ein anerkennendes Wort in der Konferenz, dann relativieren höfliche Frauen sofort: „Danke, aber das war ein alter Vorschlag, der Kollege XY hat mir geholfen ...“ Obgleich sie sich innerlich wie eine Schneekönigin freuen, haben sie diesen Abwehrmechanismus früh gelernt. Seit Sandkastenzeiten suhlen sich die Jungen freudiger im Lob, Mädchen wird das schon in jungen Jahren abtrainiert. Zumindest war das der unselige Erziehungsfall in den Zeiten, in denen Frauen, die heute im Berufsleben stehen, sozialisiert worden sind. Sportlicher Wettbewerb um Fähigkeiten, darauf wurden Mädchen nicht eingestimmt. Und das hat auf den Firmenfluren unschöne Folgen. Sagt ihnen heute jemand, „das Kleid steht Ihnen aber gut“, folgt bei viel zu vielen Frauen der verlegene Hinweis: „Ach, das habe ich schon seit fünf Jahren.“ Na und? Es sieht trotzdem schön aus. Also üben, Anerkennung aushalten zu können und sich entspannt bedanken. Dann wird der Kleiderkenner auch beim nächsten Mal gerne wieder etwas Freundliches sagen. Im privaten Schutzraum lässt sich trefflich trainieren, was im beruflichen Umfeld zum Karrieremachen gehört. Männer wehren Komplimente seltener ab. Viele von ihnen denken gar nicht im Traum daran, ein Lob, das eigentlich auf das Konto des gerade nicht anwesenden Kollegen Müller gehen sollte, abzuwehren: Sie reklamieren es, und sei es stillschweigend, für sich selbst. Nicht wenige bevorzugen geradezu die Gockelnummer und baden selbstverliebt im eigenen und gerne auch im fremden Glanz. Wenn Selbstlob tatsächlich stinken würde, dann wäre es in manchem Konferenzraum olfaktorisch kaum auszuhalten. Das wird zur Nachahmung natürlich nicht empfohlen. Doch auch für Frauen gilt, sich die erste Vorgehensweise abzugucken: Freundlich für das Lob bedanken. Ohne Bescheidenheit kommt man manchmal eben weiter.

**Verheerende Eigendynamik**

Ausgestattet mit einem üppigen Selbstbewusstsein verkaufen sich ehrgeizige Männer besser und beherrschen ein Fach, das auf dem Weg nach oben phasenweise überlebenswichtig ist: Kompetenz-Simulation. Auch wenn Sie etwas nicht können, dann trauen sie es sich großzügig zu. Diese Zuversicht strahlen sie aus und profitieren vom Prinzip der Self Fullfilling Prophecy, der sich selbst erfüllenden Prophezeiung: Mir wird das schon gelingen! Als toller Hecht im Teich von kleinen Karpfen kriege ich das schon irgendwie hin! Sie sind guten Mutes und siehe da, es klappt. Dieses unbekümmerte Sich-Verkaufen-Können schützt außerdem vor unangenehmen Rückfragen. Lässt ein Bewerber Unsicherheit erkennen, dann provoziert das irgendjemanden in der Kommission, gerade da hineinzustoßen. Sofort entsteht eine verheerende Eigendynamik, die einen Zauderer ins Kreuzverhör zwingt, dessen Spielregeln er nicht mehr steuern kann.

**Es lebe das Mittelmaß**

Frauen nagen an Selbstzweifeln und unterwerfen sich einem Perfektionszwang. Sie ergehen sich in Unglücksszenarien und schwarzmalen sich im Detail aus, was alles schief laufen könnte. Zudem behalten sie das leider häufig nicht für sich. Und genau das kommt nicht gut an. Verhandlungssicheres Englisch? O Gott, o Gott. Auf dem Sprachdiplom steht doch „nur" eine Zwei minus. Sofort wird das vor der Bewerberkommission geoutet und ehrlich ausgebreitet. Ein Mann hat vielleicht überhaupt kein Sprachdiplom, ist mit einer milden Drei in Englisch durchs Abitur gerutscht, kann mehr schlecht als recht Songtexte auf MTV dechiffrieren. Nichtsdestotrotz fühlt er sich prima gewappnet für die komplizierten Vertragsverhandlungen mit den Taiwanesen. Wird schon schief gehen. Dass bei dem millionenschweren Deal elegantes Englisch Ehrensache sein sollte, kümmert den Kandidaten wenig. Es lebe das Mittelmaß. Etwas von dieser unbekümmerten Selbstüberschätzung stünde den meisten Frauen gut zu Gesicht. Sie sind es in aller Regel auch nicht, die mit gefälschten Zeugnissen bei einer Bewerbung vorsprechen. Dass es in beiden Fraktionen Menschen gibt, die ehrlich auch ihre Schwächen zugeben, steht außer Frage.

### Eine halbwegs logische Antwort ist oft besser, als sein Nichtwissen zu demonstrieren

Eine Gartenbauarchitektin, die sehr erfolgreich ein Büro in Kassel betreibt und Aufträge bis zur Siedlungsbegrünung in China wahrnimmt, bestätigt das. Sie gibt anderen Frauen einen Ratschlag mit auf den Weg nach oben: „Sagen Sie offiziell nie, das kann ich nicht oder das weiß ich nicht." Dieser Satz katapultiert in männerdominierten Runden sofort ins Abseits. Die Siebenundvierzigjährige sitzt oft als einzige Frau in konträr besetzten Gremien, in denen die Architekten ihre grandiosen Entwürfe und die Gemeindevertreter ihren engen Kostenplan durchsetzen wollen. Vermintes Terrain also, aufgeheizte Stimmung. „Gibt man sich hier die Blöße, eine Frage nicht beantworten zu können, dann wird man nicht ernst genommen." Ein wohlmeinender Kollege hat ihr zum Pokern geraten: Einfach irgendeine halbwegs logisch klingende Antwort zu geben sei in jedem Fall besser, als ehrlich Nichtwissen einzugestehen. So ist Zeit gewonnen, sich bis zum nächsten Mal kundig zu machen.

**Lüge oder Lebensklugheit**

Diese Taktik verfolgt auch ein Tierarzt aus Niedersachsen, der zugibt, dass er bei einem hohen Prozentsatz der kranken Vierbeiner nicht genau weiß, warum das Pferd jetzt lahmt und weshalb das Rind den Blähbauch, aber dennoch keine typische

Kolik hat. Dies aber zuzugeben wäre geschäftsschädigend, wahrscheinlich sogar ruinös. Das besorgte Herrchen oder Frauchen drängt auf eine klare Diagnose. Was macht also der Veterinär? Er verschanzt sich hinter lateinischen Fachvokabeln und verschreibt – der Placeboeffekt lässt grüßen – ein harmloses Mittel, das lindern kann und auf keinen Fall schadet. So ist Zeit gewonnen, die Laborwerte abzuwarten, auszuwerten und sich über die Erkrankung schlau zu machen. Sehr oft ist der Vierbeiner beim nächsten Termin so gut wie geheilt. Ist das nun Lüge oder Lebensklugheit?

Auf jeden Fall ist das ein Vorgehen, das Männern das Berufsleben erleichtert und Frauen nachdenklich stimmen sollte. Dafür gibt es einen kurzweiligen Konferenztest: Flechten Sie mal an einem gewöhnlichen Tag ein frei erfundenes Fremdwort in ihren Redebeitrag ein. So einen semantischen Unfug wie synchrone Sozialisationskontingenz, additive Abberationsachse oder collaborierte Valenzflexibilität. Oder Sie zitieren ganz selbstverständlich einen großen Management-Buy-out-Vertreter, der die Sowiesotheorie mitbegründet hat. Und dann achten Sie mal darauf, wer freundlich irritiert nachfragt und wer so tut, als sei dieser Nonsensbegriff doch ganz geläufig …

Im vergangenen Sommer geisterte eine Zeitungsnotiz aus Spanien durch die Presse. Eine Frau aus Galizien hatte von ihrem Landesminister für Kultur etwas über die Carmina Burana wissen wollen. Der Minister antwortete: „Carmina Burana ist natürlich eine unserer besten Sängerinnen in Spanien, die ich sehr bewundere.“ Was wäre wohl geschehen, wenn das eine Ministerin gesagt hätte (oder eher die überforderte Pressestelle ihres Ministeriums)?

### Männer kommunizieren anders, Frauen auch – aber eine klare Sprache erleichtert vieles

Zurückhaltung ist auf dem Weg nach oben nicht geboten. Häufig kommunizieren Männer klarer. Sie sagen ihrem Chef: Ich bin jetzt bei A und möchte aber möglichst bald nach C aufrücken. Ich will den Posten als Außendienstleiter haben. Ob sie den auch ergattern, das ist eine ganz andere Frage. Aber der Chef braucht nicht Gedanken zu lesen, um zu erfahren, wer wohin strebt und durch welche Karrieresprünge motiviert wird und ans Unternehmen gebunden werden kann.

Klare Ansagen machen

Frauen funktionieren anders und das provoziert Missverständnisse. Eines von vielen Beispielen aus dem Freundeskreis belegt das. Der Mann schenkt seiner Frau zum Geburtstag ein Bügeleisen in der fürsorglich gemeinten Naivität: Sie klagt immer über das sperrige alte Gerät und hat doch so hübsche Seidenblusen, darüber freut sie sich bestimmt. Nein, tut sie bestimmt nicht. Die Frau findet das praktische Geschenk beleidigend und fühlt sich zur Haushaltshilfe degradiert. Und sie versteht die Männerwelt nicht mehr: Hatte sie ihrem Mann doch schon vor Monaten so viele raffiniert platzierte Andeutungen über die niedliche, absurd teure Clutch im Schaufenster ihres Lieblingsladens gemacht. Den diskreten Wink musste der unsensible Kerl doch begreifen! Hat er aber nicht, er hat nur eine unpraktische Handtasche gesehen und gleich wieder vergessen. Da hilft nur eins: Frauen müssen klare Ansagen machen. Das ist zunächst unromantisch, aber das leidige Geschenke-Thema bereitet beiden Seiten fortan mehr Freude und verhindert entgleiste Minen. Garantiert.

Eine klare Sprache zeugt von Durchsetzungsvermögen. Alle Zaudererwörter wie hätte, könnte, vielleicht, möglicherweise, eventuell werden aus dem Sprachschatz verbannt. Das gilt auch für den Konjunktiv, hätte, könnte – nein danke. Stattdessen in klaren Aussagesätzen sprechen. Darüber wird nicht diskutiert: Basta, wir machen das so und so. Ende der Durchsage. Das ist nicht immer höflich, aber ratsam.

Im Beruf sind sonst Missverständnisse programmiert. Im Unterschied zu ihren aufstiegsorientierten männlichen Kollegen hoffen viele Frauen auf das stille Wunder des Erwähltwerdens. Frei nach dem problematischen Motto: Wenn ich monatelang Überstunden leiste – selbstverständlich unbezahlt – und heroisch auf jeden Brückentag verzichte, dann wird das „oben" wohlwollend vermerkt und auf meinem Pluspunktekonto angerechnet. Wird es in der Regel aber nicht. Welcher Chef würde sich nicht klammheimlich für eine aufopferungsvolle Haltung bedanken? Wieso sollte er auf eine tüchtige Arbeitskraft verzichten, die all die unangenehmen Aufgaben klaglos erledigt?

Ein fleißiges Lieschen will niemand ernsthaft loswerden. Der zynisch anmutende zweite Effekt eines solchen dienenden Verhaltens: Für eine Leitungsfunktion empfiehlt sich die gute Frau keineswegs, denn sie kann ja offensichtlich nicht delegieren. Das Fatale: Großer Einsatz, vernichtende Wirkung – über diese Frauenfallstricke spricht niemand. Willst du gelten, mach dich selten. Dieser großmütterliche Rat zur Partnerwahl lässt sich auf die Berufswelt übertragen: Stehe nicht als „die Nette vom Dienst“ für jede unbeliebte Aufgabe zur Verfügung. Denn sonst bist du rasch die Dumme vom Dienst.

> Fleiß ersetzt keine strategische Überlegung und ein Doktortitel bietet im wahrsten Sinne des Wortes „Titelschutz“

Fleiß ersetzt keine kühle strategische Überlegung. Sozialisationseffekte hemmen Frauenkarrieren: Frauen bevorzugen Qualifikations- und Studienwege, die für die Entwicklung einer Führungsrolle in Unternehmen schlechte Voraussetzungen sind. Wer wirklich aufsteigen möchte, der muss einen Plan haben und überlegen, welche Abteilungen oder Ressorts zukunftsträchtig sind und überhaupt Möglichkeiten für einen Aufstieg bieten. In manchen Bereichen gibt es keine Leitungsfunktionen, oder aber die Kollegen und potenziellen Konkurrenten sind so blutjung, dass die biologische Wahrscheinlichkeit der Nachfolge ins Nichts verpufft.

Diese Planung greift schon früh: Obgleich inzwischen jede Sechzehnjährige theoretisch weiß, dass die Schönen Künste weniger Erfolgsaussichten bieten als die so genannten harten Fächer, schreiben sich immer noch wenige Frauen für Ingenieurwissenschaften ein – selbst wenn sie an höherer Mathematik Freude haben. Schade, sie verschenken ihr Potenzial.

Wohlgemerkt: Wenn das Herz für Ägyptologie schlägt, dann ist es nicht verkehrt, sich diesem Orchideenfach zu widmen, statt ein Leben lang bei jeder Pharaonen-Ausstellung wehmütig den „Hätte-ich-doch-damals-Schmerz“ niederzukämpfen. Wer sich leidenschaftlich für etwas interessiert, der ist auch leistungsbereit und meist auch gut. Also lieber eine exzellente Ägyptologin als eine mittelmäßige Ingenieurin oder Volkswirtin abgeben. Entscheidend ist aber, sich frühzeitig Zusatzqualifikationen zu erobern, um den exotischen Abschluss später sinnvoll nutzen zu können: die Fähigkeit, genau zu lesen, Urkunden entschlüsseln und sich in fremde Kulturen eindenken zu können oder auch alte Sprachen zu beherrschen – das alles verlangt Akribie und Durchhaltevermögen. Diese Eigenschaften sind in vielen Berufen gefragt. Da lohnt die kühle Überlegung, wie die Weichen gestellt werden, welches Aufbaustudium Wirtschaft oder Interkulturelle Kommunikation für Stellen qualifizieren könnte. Frauen machen sich darüber aber seltener Gedanken als Männer. Ein Fehler.

Titelschutz

Denn gerade sie sollten sich der Frage widmen, ob sie ein Doktortitel weiterführt. Er schmückt und bietet im wahrsten Sinne des Wortes „Titelschutz“: Jedenfalls verbinden die meisten Außenstehenden mit dem akademischen Titel ein gehobenes intellektuelles Niveau. Ob das immer der Fall ist oder sich jemand 200 Seiten lang für Laien entbehrliche Gedanken über „Die Rolle des Zahnstochers in der Antike“ gemacht hat – auch dieses Thema ist tatsächlich an einer deutschen Universität vergeben worden –, das interessiert bei flüchtigen Berufskontakten niemanden.

Eine Volkswirtin, die bereits Jahre im Beruf stand und dann nebenbei ihre Dissertation über ein praxisnahes Thema geschrieben hat, registriert staunend, wie anders ihr inzwischen mancher Geschäftskunde gegenübertritt. Das ist befremdlich, erleichtert insgesamt aber den Berufsalltag. Sie selbst stellt sich nur bei „arrogant wirkenden Menschen“ mit ihrem Titel vor und lässt sich auch so von ihnen ansprechen. Anfangs wurde sie noch rot dabei, inzwischen kommt ihr das locker über die Lippen: „Schon um diese eitlen Typen auf Distanz zu halten, hat sich das jahrelange Promovieren gelohnt.“ Nur bei den Nachbarkindern konnte sie damit nicht punkten: Die Knirpse, die eifrig mit ihrem Doktorkoffer spielen und Plastikspritzen aufziehen, um ihre Teddys zu impfen, hörten in den Wochen vor Abschluss der Promotion nur etwas von einer Doktorfeier und einem geheimnisvollen Doktorhut. Toll, vielleicht ein Harry-Potter-Modell? Was für enttäuschte Kindergesichter, als die Nachbarin barhäuptig den Orangensaft ausschenkte: Sie trägt ja gar keinen Arzthut? Tja, so ist das mit der Titelei.

Ebenso schützend wie ein ordentlicher Titel ist das berühmte dicke Fell und ein intensiver Blick auf die männliche Kommunikationskultur, die von sensiblen Frauen durchaus auch als Subkultur empfunden wird: Männer sind in der Regel rhetorisch raubeiniger. Sie teilen kräftig aus, stecken umgekehrt aber auch ungerührter ein und trennen die Sache stärker von der jeweiligen Person – zumindest tendenziell. Während Frauen manchen schnoddrig dahingeworfenen Nebensatz noch nächtelang zergrübeln, sind Männer längst zur Tagesordnung übergegangen und haben die Unstimmigkeit vergessen. Mal ist der eine oben, mal der andere, das Prinzip ist ihnen von klein auf aus dem sportlichen Wettkämpfen vertraut. Eine Abfuhr nehmen sie sich nicht so zu Herzen. Wer nicht jedes Wort auf die Goldwaage legt und den rüden Ton nicht persönlich nimmt, der lebt leichter.

Sportsgeist

Und manchmal gehört auf einen groben Klotz halt auch ein grober Keil: Wird die Wortwahl allzu ruppig, kann eine Frau dazwischengehen und den Satz aus Männermund in die Runde werfen, über den sich schon Generationen von Frauen geärgert haben dürften: „Haben Sie Ihre Tage, oder warum überzeichnen Sie das so, Herr Meier?“ So schlägt man Gegner mit den eigenen Waffen. Denn die Angepassten, die sich alles bieten lassen, empfehlen sich nicht als Führungskräfte, die fördert höchstens ein dummer Chef. Großmutter hat dafür einen Kalauer parat und schrieb ihrer Enkelin keinen veilchenumrankten Verskitsch ins Poesiealbum, sondern den kessen Kampfspruch: Sich wehren bringt Ehren. Zumindest schärft es das Profil und verschafft Respekt. Das ist schon eine ganze Menge. Nur die Harmoniesüchtigen werden von allen geliebt. Aber wer will das schon wirklich?

Strategie ist gerade für aufstiegswillige Frauen unerlässlich. Zu dem Plan gehört Selbstmarketing und der Schritt nach draußen. Frauen sollten darauf drängen, Geschäftspartnern angemessen vorgestellt zu werden: Schließlich sind sie wichtige Ansprechpartnerinnen im Unternehmen und möchten an Entscheidungsprozessen beteiligt werden. Unter Umständen empfiehlt sich ein Internetauftritt, denn um sich einen raschen Überblick zu verschaffen, informieren sich immer mehr Menschen über das Netz. Wer in manchen Branchen mitreden möchte, dessen Name muss beim „Googlen“ aufblinken. Hilfreich ist eine Präsentation auf der Messe, ein guter Vortrag, die Organisation eines Workshops und der Besuch eines Partnerunternehmens. Frauennetzwerke (siehe Kapitel Netzwerk) können ein gewaltiges Stück weiterhelfen. Denn in den renommierten Männerclubs finden Frauen in der Regel keine Aufnahme. Auch deshalb haben weibliche Führungskräfte und solche, die es werden wollen, ihre eigenen Veranstaltungen. Und deren Motto lautet: Wir sind nicht gegen Männer, sondern für Frauen.

> Vielen Frauen fehlen Frauen in Führungspositionen, die als Rollenvorbilder dienen könnten

Was den beruflichen Aufstieg gerade für Frauen schwierig macht: Ihnen fehlen solide Rollenvorbilder. Es gibt zu wenige Chefärztinnen, Chefredakteurinnen, Pilotinnen, Bankdirektorinnen oder Professorinnen – immerhin 14 Prozent haben den Olymp der Hochschullaufbahn inzwischen erklommen. Die Zahl derjenigen, die eine große Karriere gemacht haben, ist allerdings überschaubar. Das ist auch deshalb schade, weil Frauen Frauen nachziehen könnten, ganz so, wie es die heimlichen Männerbünde ihnen seit zwei Jahrtausenden vormachen. Motto: Frau kennt sich, das lohnt sich.

**Einsame Entscheiderinnen**

Eine Frau an der Spitze eines Unternehmens ist häufig Einzelkämpferin, die alleine weit reichende Entscheidungen treffen muss. Eine Studie im Auftrag des Bundesministeriums für Wirtschaft und Arbeit gelangt zu dem Ergebnis, dass Frauenunternehmen häufiger von Einzelpersonen geleitet werden. Wohingegen in Männerunternehmen die Entscheidungsmacht oft aufgeteilt ist. Für die Unternehmerin ist das eine enorme Belastung. „Frauen in Führungspositionen fehlen häufig Personen, denen sie sich unbefangen anvertrauen können. Jemand, mit dem sie ihre Probleme und Gefühle besprechen können. Losgelöst von allen unternehmerischen Zwängen“, sagt die Stuttgarterin Regine Uhlmann, die Unternehmen coacht.

Das ist ein Grund, weshalb ein Mentoring-Programm helfen kann, den Aufstieg zu fördern und dauerhaft zu sichern. Die Mentee, eine potenzielle Führungskraft, soll durch eine

Mentorin, also eine erfahrene Führungskraft, in ihrem Fortkommen beraten und geleitet werden. Sie soll jemanden zur Reflexion haben, aber mit professionellem Handwerkszeug.

Die Überassimilierten

Natürlich gibt es unter den Karrierefrauen auch die Überassimilierten, die wenig Identifikationsfreude auslösen. Nämlich stutenbissige Chefinnen, die männlicher als jeder Kerl auftreten und quasi die Eigenschaften des „gegnerischen" Lagers so verinnerlicht haben, dass sie oftmals überreagieren und wie die Generalinnen durchgreifen. Gerade dieser Frauentyp macht eines nicht: Er fördert keine Frauen, die haben es doppelt schwer (siehe Margaret Thatcher und ihre männerdominierten Kabinette). Das ist fürchterlich unsympathisch und Wasser auf die Mühlen der Frauenverächter. Aber diese Ausnahmen bestätigen nur die Regel: Die meisten Frauen, die in leitenden Funktionen sind, dürften qualifizierter als die Männer auf diesen Ebenen sein.

Doch das hat sich längst noch nicht herumgesprochen. Hier patzt beispielsweise auch die Industrie. Sie unterschätzt Frauen und ihr Kaufpotenzial. Eine Untersuchung der Hochschule Niederrhein zeigt, dass Frauen als Autokäuferinnen völlig verkannt werden. Obgleich sie eine ansehnliche Summe für den Viertürer beiseite geschafft und die repräsentative Schutzmantelfunktion männlicher Statussymbole erkannt haben, werden sie im Autohaus ignoriert. Der „Gattin" des Autokäufers – in die Rolle rutschen die Frauen ruckzuck – werden keine technischen Details erläutert, wohl aber die mögliche Farbwahl und der voll drehbare Schminkspiegel. Ihnen geht es aber beim Fahren nicht um streifenfreies Make-up, sondern um einen leistungsstarken Motor. Unverständlich, dass selbst Geschäftskundinnen so falsch eingeschätzt werden. Da entgeht der Industrie viel Geld. Auch in diese Fallstricke können Manager tappen. Dumm gelaufen. Aber die Wirtschaftswissenschaftler, die die Studie geleitet haben, sind überzeugt: Die Industrie wird schnell erkennen, mit welchen Kund(inn)en Geld zu verdienen ist.

Übrigens gibt es noch eine klassische Karrierefalle für begabte Frauen, die der Managementberater Laurenz Andrzejewski nennt: „Nämlich ein Zampano, der ein überkommenes Rollenverständnis hat und nicht will, dass seine Frau Karriere macht."

**Thesen gegen falsche Bescheidenheit**

Erfolgreiche Karrierefrauen sind auf den meisten Firmenfluren weiße Tiger. Um in der von Männern dominierten Welt ernst genommen zu werden, müssen sie deren Regeln durchschauen und auch anwenden.

- Nicht in die Gefall-Falle tappen und das Sekretärinnen-Syndrom provozieren: Herausragendes Fachwissen wird hinter der Klein-Mädchen-Fassade nicht vermutet.

- Klarer kommunizieren und sagen, was Sie möchten, sowohl den Kollegen als auch dem Chef, denn der kann keine Gedanken lesen.

- Abschied vom Perfektionszwang nehmen.

- Sich großzügig Nachhilfe in Kompetenz-Simulation nehmen und sich lieber eher über- als unterschätzen.

- Notfalls pokern, Unsicherheiten souverän überspielen und die Sache mit der Authentizität kurz verdrängen: ein bisschen Schauspielkunst, das muss schon sein.

- Heraus aus der Bescheidenheitsfalle: Tue Tüchtiges und rede darüber. Das Wunder des Erwähltwerdens ist etwas für Hollywood-Drehbücher, aber fürs Karrieremachen gänzlich ungeeignet.

- Eine gute Strategie überlegen und auch verfolgen: Welches Studium bietet Perspektiven, welche Abteilung Aufstiegsmöglichkeiten?

- Frau kennt sich, frau hilft sich: Netzwerke nutzen und Kontakte knüpfen – das ist für Frauen noch ein wenig wichtiger als für aufstiegsorientierte Männer.

# Zum Weiterlesen

Laurenz Andrezjewski: Trennungs-Kultur. Luchterhand Verlag

Christoph Fehige, Georg Meggle, Ullas Wessels (Herausgeber): Der Sinn des Lebens. dtv Verlag

Peter Fischer: Neu auf dem Chefsessel. Erfolgreich durch die ersten 100 Tage. Redline Wirtschaft. Verlag moderne Industrie

Daniel Goeudevert: Wie ein Vogel im Aquarium. Aus dem Leben eines Managers. Rowohlt Verlag

Getrud Höhler: Warum Vertrauen siegt. Ullstein Verlag

Elisabeth Kals: Arbeits- und Organisationspsychologie. Workbook. Beltz, Psychologie Verlags Union (erscheint im Frühjahr 2006)

Heinrich Mann: Der Untertan. S. Fischer Verlag.

Thomas Mann: Joseph und seine Brüder. Die Geschichten Jaakobs. S. Fischer Verlag

Brigitte Scheidt: Neue Wege im Berufsleben. Ein Ratgeber-, Kurs- und Arbeitsbuch zur beruflichen Neuorientierung. W. Bertelsmann Verlag

Wolf Schneider: Große Verlierer. Von Goliath bis Gorbatschow. Rowohlt Verlag

Sylvia Schroll-Machl: Die Deutschen, Wir Deutsche. Vandenhoeck & Ruprecht

Friedemann Schulz von Thun: Miteinander reden. Drei Bände. Rowohlt Verlag

Werner Schwanfelder: Sun tzu für Manager. Die 13 ewigen Gebote der Strategie. Campus Verlag

Edith Stork: Tatort Büro. Gegen die Zurichtung des Menschen im Büro. Beltz Verlag

Sun Tsu (Sunzi): Wahrhaft siegt, wer nicht kämpft. Piper Verlag

Albert Thiele: Argumentieren unter Stress. Frankfurter Allgemeine Buch

# Die Autorin

Ursula Kals, Dr., ist Wirtschaftsredakteurin bei der Frankfurter Allgemeinen Zeitung und hier verantwortlich für das Ressort „Beruf und Chance“ und „Jugend schreibt“.

Wundert sich nicht immer, aber immer öfter, welche weichen Kriterien beim harten Karrieremachen eigentlich zählen. Fachliche Kompetenz ist das nur zu einem geringen Teil. Mag gute Bücher, schöne Bilder, Rainer Maria Rilke und Claude Lorrain. Hat Germanistik und Kunstgeschichte studiert und über Schreibkompetenzen promoviert. Nach einem Tageszeitungsvolontariat Wechsel in die Redaktion einer Wochenzeitung und später zu einer Nachrichtenagentur, seit 1997 Redakteurin der Frankfurter Allgemeinen Zeitung.

Ausgezeichnet mit dem Herbert-Quandt-Medienpreis für Reportagen über Unternehmen, dem Katholischen Journalistenpreis und dem Expopharm-Medienpreis.

Dankt herzlich ihrer Lektorin Danja Hetjens und drei ihrer Lieblingskollegen.

Fehlendes Feedback ist nicht nur im Berufs-, sondern auch im Journalistenleben schlecht, deshalb wären Rückmeldungen zum Buch schön, gerne unter u.kals@faz.de

Leseprobe, Infos zu den Autoren ...

# Geschenkbücher

Hanno Beck

**Der Alltagsökonom**

Warum Warteschlangen effizient sind. Und wie man das Beste aus seinem Leben macht

*2004. 2. Aufl. 256 Seiten.*
*Hardcover mit Schutzumschlag.*
*17,50 € (D)*, 31,20 CHF*
*ISBN 3-89981-032-5 # 3032*

Jürgen Fuchs

**Das Märchenbuch für Manager**

Gute-Nacht-Geschichten für Leitende und Leidende

*2004. 5. Aufl. 256 Seiten.*
*Hardcover mit Schutzumschlag.*
*19,90 € (D)*, 35,10 CHF*
*ISBN 3-89981-003-1 # 3003*

Franz Josef Görtz Hg.

**Persona Grata**

Wer war's? Große Namen aus Geschichte, Kunst und Kommerz

*2004. 208 Seiten.*
*Hardcover mit Schutzumschlag.*
*17,50 € (D)*, 31,20 CHF*
*ISBN 3-89981-041-4 # 3041*

Hans D. Barbier, Rainer Hank

**Bubenstücke**

Vom Unsinn in der Wirtschaftspolitik

*2004. 2. Aufl. 200 Seiten.*
*Hardcover mit Schutzumschlag.*
*17,50 € (D)*, 31,20 CHF*
*ISBN 3-89981-042-2 # 3042*

** zzgl. ca. 3,- € Versandkosten bei Einzelversand im Inland*

Frankfurter Allgemeine Buch

# Geschenkbücher

Jan Klage

**Wetter macht Geschichte**

Der Einfluß des Wetters auf den Lauf der Geschichte.

*2003. 2. Aufl. 240 Seiten.*
*Hardcover mit Schutzumschlag.*
*17,50 € (D), 31,20 CHF*
*ISBN 3-89843-097-9 # 2097*

Stefanie Unger Hg.

**Vertrauen ist gut ...**

Braucht die Wirtschaft mehr Kontrolle? 35 Prominente geben eine Antwort

*2003. 232 Seiten.*
*Hardcover mit Schutzumschlag.*
*19,90 € (D), 53,10 CHF*
*ISBN 3-89981-028-7 # 3028*

Dagmar Gaßdorf

**Zickenlatein**

Den Erfolg herbeireden. Das Weiberbuch, das Männer heimlich kaufen.

*2003. 2. Aufl. 116 Seiten. Ganzleinen.*
*15,90 € (D), 28,00 CHF*
*ISBN 3-934191-65-7 # 9165*

Dagmar Gaßdorf

**Lustreden**

Ein fröhlicher Leitfaden für mancherlei Anlässe

*2003. 2. Aufl. 120 Seiten.*
*Hardcover/Ganzleinen.*
*15,90 € (D); 28,00 CHF*
*ISBN 3-89981-022-8 # 3022*

Frankfurter Allgemeine Buch